PhotoshopCS
数码人像修饰完全手册

主　编　万　丹

参　编　张惠娟　汤留泉　边　塞　马一峰　曹洪涛
陈庆伟　程媛媛　邓贵艳　付　洁　高宏杰
李　恒　李吉章　李建华　刘　敏　卢　丹
吕　菲　罗　浩　秦　哲　施艳萍　孙未靖
田　蜜　万　阳　吴方胜　肖　萍　赵　媛

机械工业出版社

本书主要介绍数码人像照片后期修饰方法，以代表性极强的实例做多方面的讲解，使读者更加轻松地面对摄影后期的诸多问题。本书包括基础篇、修饰篇、精华篇3篇共12章，循序渐进地介绍PhotoshopCS软件处理人像照片的具体操作方法，涵盖该软件的全部使用功能。本书讲解清晰、注解明了，附带的DVD光盘中包含了本书正文内容的配套素材图片与教学视频，使读者能深入领会操作技巧，灵活运用素材图片做修饰。本书适合广大美术爱好者、家庭摄影爱好者、影楼平面设计师、网页设计师阅读，也可供各类数码图片培训班作为教材使用，同时适用于大、中专院校学生自学。

图书在版编目（CIP）数据

Photoshop CS数码人像修饰完全手册/万丹主编. —北京：机械工业出版社，2013.8

ISBN 978-7-111-43869-4

Ⅰ.①P… Ⅱ.①万… Ⅲ.①图像处理软件—手册 Ⅳ.①TP391.41-62

中国版本图书馆CIP数据核字（2013）第204653号

机械工业出版社（北京市百万庄大街22号 邮政编码100037）
策划编辑：宋晓磊 责任编辑：宋晓磊 刘志刚
责任校对：赵 蕊 封面设计：鞠 杨
责任印制：乔 宇
北京汇林印务有限公司印刷
2013年10月第1版第1次印刷
184mm×260mm·13印张·320千字
标准书号：ISBN 978-7-111-43869-4
ISBN 978-7-89405-034-2（光盘）
定价：69.80元（含1DVD）

凡购本书，如有缺页、倒页、脱页，由本社发行部调换

电话服务	网络服务
社服务中心：（010）88361066	教材网：http://www.cmpedu.com
销售一部：（010）68326294	机工官网：http://www.cmpbook.com
销售二部：（010）88379649	机工官博：http://weibo.com/cmp1952
读者购书热线：（010）88379203	**封面无防伪标均为盗版**

前　言

数码产品早已进入普通百姓的家庭，数码照片成为家庭记录生活瞬间的重要媒介，很多数码产品的消费者感到拍照片容易，修照片难。想拍出好照片，除了拍摄技巧、取景角度、光照环境外，就是后期修饰了。Adobe公司推出的PhotoshopCS软件专业用于数码照片的后期处理，目前已风靡全球，成为数码照片必备处理软件，相对于其他照片处理软件而言，PhotoshopCS功能最全面，兼顾各类照片特点，能达到任何效果，“P照片”一词成为人们现代生活的重要组成部分。

人像修饰是PhotoshopCS使用中的重点内容，从调整明暗、色彩，到去除皱纹、肌肤美白、更换背景等操作，均可在PhotoshopCS中快速完成，大幅提升了数码照片的拍摄乐趣，但是要将照片修饰得很唯美却需要经过专业训练，很多用户没有太多时间去学习这项专业技术，因此，要想得到理想的修饰效果可从以下三个方面入手。

1. 适度调整明暗与色彩

任何数码照片输入电脑后，几乎都要进行明暗度、对比度、色彩的参数调整，使灰暗的数码照片变得光鲜，这时要把握适度，调整幅度不宜过大，一般应控制在30%以内，调整过高会造成像素损失，照片层次单一，第一眼的观赏效果不错，但是显得过于单薄，无丰富内涵。此外，多数高档单反相机为了表现丰富的图像层次，色彩会显得比较灰淡，调整幅度过大还会失去相机的原有价值。

2. 锐化人像五官

PhotoshopCS提供多种锐化工具，能对任何细节进行锐化处理，尤其是锐化人像的鼻、眼、口、眉等细节，能强化照片层次，使照片效果更清晰，弥补前期拍摄抖动、光照不足等缺陷。对于人像生活照的后期修饰，锐化几乎是必备操作，只是锐化时要控制好幅度，不能过度清晰而脱离照片的整体层次。

3. 照片构图与裁切

拍摄人像照片时，摄影者主要关注的是表情捕捉、光影关系、背后景物等细节，最容易忽视的就是构图，如拍摄头像一般不包括胸部，拍摄胸像不包括手与腰部，而拍摄半身像应包含手，拍摄全身像要在脚底至画面边缘预留一定距离。后期修饰要注意这些内容的取舍，采用PhotoshopCS进行裁切就相当必要了。

本书内容丰富，图片素材多样，适用于各种人像数码照片后期修饰。在本书编写过程中特别感谢为本书提供图片的朋友、同事（排名不分先后）苏如、蒋林、苑轩、李钦、肖璐、程婷婷。参加本书编写的有张惠娟、汤留泉、边塞、马一峰、曹洪涛、陈庆伟、程媛媛、邓贵艳、付洁、高宏杰、李恒、李吉章、李建华、刘敏、卢丹、吕菲、罗浩、秦哲、施艳萍、孙未靖、田蜜、万阳、吴方胜、肖萍、赵媛。

编者

目 录

前言
使用说明

基础篇 001

第1章 数码人像照片 002

1.1 什么是数码照片 002
1.2 数码照片的质量因素 004
1.3 数码照片的格式 007
1.4 数码照片的查看与管理 009

第2章 认识PhotoshopCS6 014

2.1 安装启动PhotoshopCS6 014
2.2 PhotoshopCS6操作界面 020
2.3 数码照片基本操作方法 021
2.4 Adobe Camera Raw应用 023

第3章 数码照片常规修饰 025

3.1 数码照片裁剪 025
3.2 数码照片旋转 026
3.3 数码照片润色 028
3.4 数码照片色彩调整 030
3.5 数码照片加入文字与形状 031
3.6 数码照片批量处理 033

第4章 数码照片输出 038

4.1 数码照片尺寸 038
4.2 数码照片保存 039
4.3 数码照片传送 041
4.4 数码照片打印与冲印 042

修饰篇 045

第5章 人像照片面部美容 046

5.1 提升人像气色 046
5.2 增强美白效果 049
5.3 快速消痘方法 052
5.4 皱纹磨平处理 054
5.5 头发变色技法 056

第6章 人像照片五官修饰 058

6.1 消除人像眼袋 058
6.2 去除闪光红眼 060
6.3 加密睫毛眉毛 061
6.4 添加眼影效果 065
6.5 眼睛增大修整 068
6.6 添加彩色美瞳 070
6.7 缩小耳朵轮廓 072
6.8 隆鼻美容技术 075
6.9 添加唇彩效果 076
6.10 牙齿美白技法 080
6.11 调整两颚形体 082

第7章 人像照片整体修饰 084

7.1 艺术瘦身处理 084

7.2 凸出人像主体 087
7.3 男性添加胡须 089
7.4 快捷丰胸技法 092
7.5 仿制人像效果 094
7.6 变换服装款式 096
7.7 增强照片对比 097
7.8 增加皮肤文身 100

第8章 人像照片艺术加工 105

8.1 转变绘画效果 105
8.2 局部表现效果 108
8.3 加亮夜景灯光 110
8.4 仿制怀旧效果 112
8.5 模拟影楼效果 120
8.6 模拟傍晚效果 122
8.7 朦胧艺术效果 124
8.8 色调叠加效果 126
8.9 创造梦幻效果 128
8.10 营造超现实风格 130

精华篇 133

第9章 人像照片光影调整 134

9.1 调整照片亮度 134
9.2 调整照片对比度 136
9.3 调整面部光影 137
9.4 优化背光照片 139
9.5 调整闪光不足 141
9.6 调整光影反差 143
9.7 修整灰蒙效果 146

第10章　人像照片色彩调整 …… 147

10.1　修正偏色照片 …… 147
10.2　提高鲜艳程度 …… 149
10.3　调整照片色调 …… 150
10.4　快速调整肤色 …… 152
10.5　提升照片层次 …… 153
10.6　制作双色调照片 …… 155
10.7　照片局部去色 …… 157
10.8　黑白照片上色 …… 160
10.9　变更服装颜色 …… 162
10.10　应用模板色调 …… 165

第11章　人像照片合成处理 …… 167

11.1　精确更换背景 …… 167
11.2　使用快速蒙版 …… 169
11.3　添加完整蒙版 …… 172
11.4　建立通道选区 …… 174
11.5　半透明照片合成 …… 176

第12章　人像照片翻新修饰 …… 180

12.1　扫描获取照片 …… 180
12.2　修复照片划痕 …… 184
12.3　去除照片网格 …… 186
12.4　去除照片杂物 …… 188
12.5　拨开面部发丝 …… 190
12.6　修整模糊照片 …… 192
12.7　放大照片尺寸 …… 194

附录：快捷键大全 …… 196

参考文献 …… 200

使用说明

本书详细讲解使用PhotoshopCS修饰人像照片的操作方法。书后附有1张DVD光盘，其中包含本书所有案例照片文件与配套视频教程。案例照片文件包括修饰前的照片与修饰后的照片，读者可以对照本书内容练习，也可以参考本书方法选用自己的照片进行修饰。配套视频教程与本书内容同步，通过视频讲解操作方法，使学习更加直观。

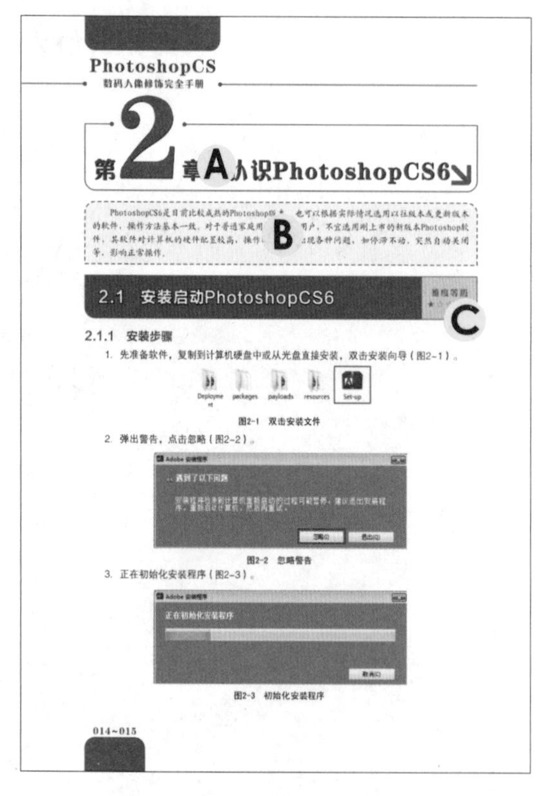
PhotoshopCS
数码人像修饰完全手册

第2章 A 认识PhotoshopCS6

PhotoshopCS6是目前比较成熟的Photoshop版本，也可以根据实际情况选用以往版本或更新版本的软件，操作方法基本一致。对于普通家庭用 B 用户，不宜选用刚上市的新版本Photoshop软件，其软件对计算机的硬件配置较高，操作 出现各种问题，如停滞不动、突然自动关闭等，影响正常操作。

2.1 安装启动PhotoshopCS6　难度等级 C

2.1.1 安装步骤

1. 先准备软件，复制到计算机硬盘中或从光盘直接安装，双击安装向导（图2-1）。

图2-1 双击安装文件

2. 弹出警告，点击忽略（图2-2）。

图2-2 忽略警告

3. 正在初始化安装程序（图2-3）。

图2-3 初始化安装程序

014~015

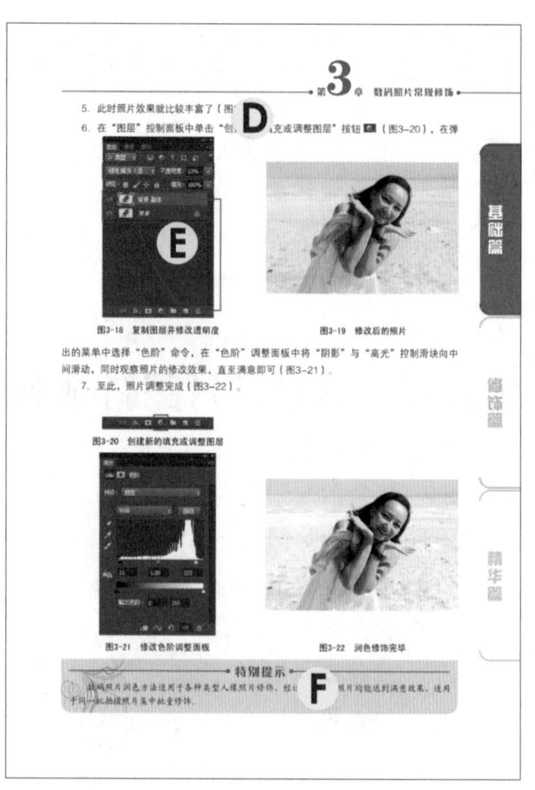
第3章 数码照片常规修饰

5. 此时照片效果就比较丰富了（图 D

6. 在“图层”控制面板中单击“创 充或调整图层”按钮（图3-20），在弹出的菜单中选择“色阶”命令，在“色阶”调整面板中将“阴影”与“高光”控制滑块向中间滑动，同时观察照片的修改效果，直至满意即可（图3-21）。

图3-18 复制图层并修改透明度

图3-19 修改后的照片

7. 至此，照片调整完成（图3-22）。

图3-20 创建新的填充或调整图层

图3-21 修改色阶调整面板

图3-22 润色修饰完毕

特别提示 F

数码照片润色方法适用于各种类型人像照片修饰，经 照片均能达到满意效果，适用于同一批拍摄照片集中批量修饰。

基础篇
修饰篇
精华篇

A. 章节标题：标明章节主题。

B. 章节导读：提示本章内的重点内容与关注事项。

C. 难度等级：标明章节内容难度，提示内容的重要性。

D. 正文：详细表述主体内容，主要分为三级标题解析全文。

E. 插图：配合正文，辅助说明正文内容，表述操作步骤。

F. 特别提示：针对正文特别提出的内容，需要强化认识，用于补充正文内容。

PhotoshopCS

数码人像修饰完全手册

基础篇

第1章 数码人像照片

数码人像照片的魅力在于拍摄者与拍摄对象均给照片注入了感情，拍摄者付出了劳动，拍摄对象付出了表情与动作，这一切都表达了两者对生活的期望。因此，数码人像照片的修饰处理显得特别重要，成为当今生活的重要组成部分。本章主要介绍数码人像照片的基本常识，使读者快速入门，为后期实践打好基础。

1.1 什么是数码照片

难度等级 ★☆☆☆☆

数码照片是一种数字化摄影图片，是指采用数码相机、摄像机等设备拍摄的图片（图1–1、图1–2）。数码照片是现代数码技术与照相摄影技术的完美结合体，经拍摄设备将真实世界的信息转换成二进制数字记录下来，因此数码技术又被称为数字技术。

有了数码相机，在生活、工作、学习中拍照人像照片就变得很容易了。无须采用传统胶卷等耗材，可以随时在数码相机中浏览拍摄的照片，删除效果不佳的照片。最直观的是可以在计算机上对数码照片进行后期处理。较常用的数码照片处理软件有PhotoshopCS、Fireworks、PhotoImpact、PhotoFamily、我形我速等。虽然这些软件对数码照片的处理功能都很完善，都能对照片进行切割、旋转、打印等处理，目前在国内外最流行的还是PhotoshopCS，其处理数码照片的功能非常强大。

在现实生活中，图片随处可见。从各式各样的照片到风格各异的图画，从五彩缤纷的网页到装帧精美的书刊，图片具有生动形象的特点，给人以美的享受。作为一种视觉媒体，图片是人们获取知识、传递信息、表达思想的重要媒体之一。获取图片的途径多种多样，可以

图1–1　数码人像照片

图1–2　数码人像照片拍摄

通过数码相机（图1–3）、拍照手机（图1–4）、摄像头（图1–5）、扫描仪（图1–6）等设备获取，也可以通过光盘文件复制（图1–7）、网络下载（图1–8）等直接获得。其中，采用数码相机拍摄人像照片最常见，拍摄操作方便，照片清晰度高，是数码人像照片的主要来源。

图1–3　数码相机

图1–4　拍照手机

图1–5　摄像头

图1–6　扫描仪

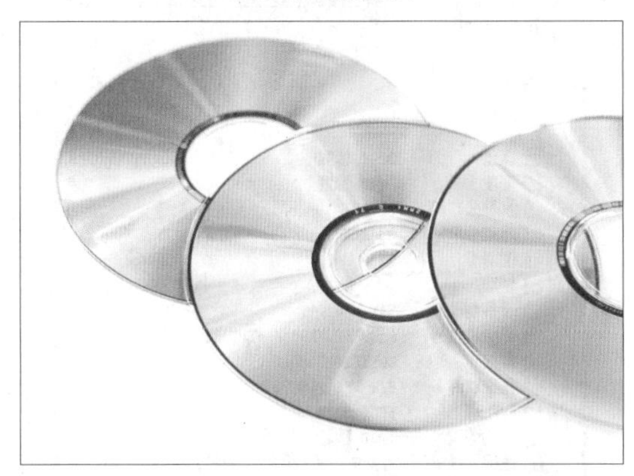

图1–7　光盘

图1–8　网络下载图片

特别提示

对于没有太多拍摄经验的消费者，可以购买便携式消费数码相机，又称为卡片机，价格为1000～2000元，拍摄效果适用于普通家庭、办公、商业等多方面需求。如果是摄影爱好者，可以购买单镜头反光数码相机，又称为单反相机，价格为5000～10000元，拍摄效果会更丰富。

1.2 数码照片的质量因素

难度等级 ★★★☆☆

数码照片质量直接影响后期修饰处理的效果，主要由以下两个因素制约。

1.2.1 硬件因素

1. 分辨率　数码相机的分辨率越高，拍出来的照片精度越好。目前主流消费数码相机的分辨率为800万~1600万像素，能应对各种冲印需要。

2. 镜头焦距　它是指镜头光学后主点到焦点的距离，是镜头的重要性能指标。镜头焦距的长短决定拍摄的成像大小、视场角大小、景深大小与画面的透视强弱。当对同一个被摄目标拍摄时，镜头焦距长的数码相机成像大，镜头焦距短的数码相机成像小。常见的消费数码相机镜头焦距为5~30mm。

3. 光圈与光学变焦　光圈能控制数码相机的光线摄入量的总体范围值，影响相机是否能在各种光线情况下获得良好的拍摄效果，光圈范围越大则拍摄光线的适应性越强，还能配合快门变换出不同景深效果。光学变焦能控制数码相机的镜头放大或缩小，数据越高，能拍摄的距离就越远（图1-9）。

4. 色彩深度　数码相机的色彩深度又称为色彩位数，用来表示数码相机的色彩分辨能力。数码相机的色彩位数越多，意味着可捕获的细节数量也越多，能真实还原亮部与暗部的细节。通常数码相机有24位的色彩位数已足够，关于色彩深度可以鼠标右键打开数码照片的“属性”查看（图1-10）。

图1-9　数码相机的主要硬件标志

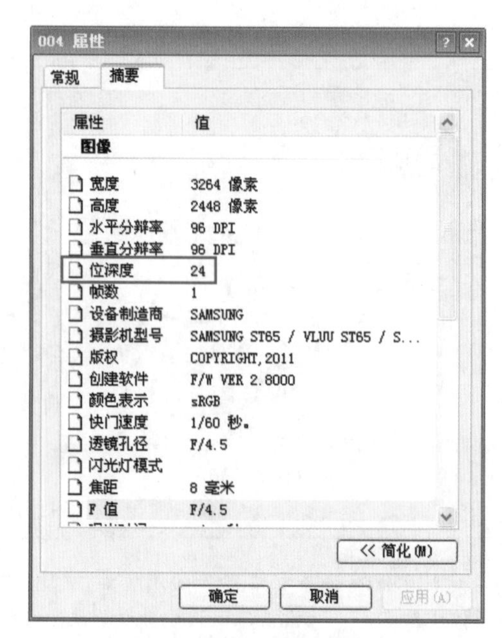

图1-10　数码照片的色彩深度

5. 感光度　感光度是数码相机的一个重要性能指标，感光度的大小将直接影响到数码相机的拍摄效果，特别是光线较差的情况下能提升照片的亮度（图1–11）。数码相机的感光度是通过调整感光器件的灵敏度或合并感光点来实现亮度变化的。正常晴天户外拍摄人像，感光度为ISO100，在昏暗环境下，数码相机可提升至ISO6400，但是照片中会出现噪点。

6. 拍摄模式　拍摄模式分为手动模式与自动模式，一般低端数码相机只有自动模式，拍摄效果虽然能满足大多数消费者的要求，但是不能作特殊效果变化；如果具有手动控制，则适合有经验的摄影爱好者使用，可以达到特殊且丰富的效果（图1–12）。

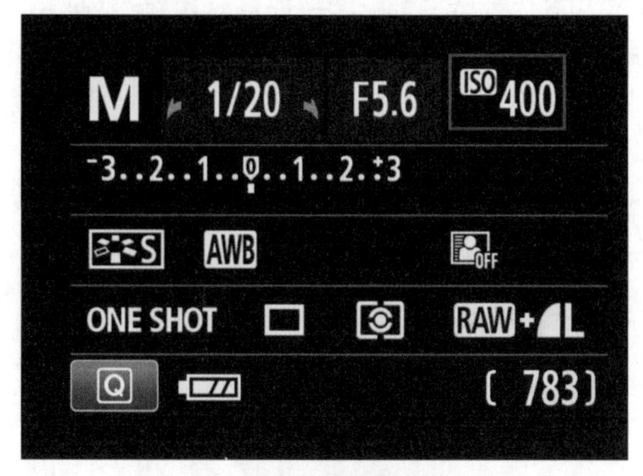

图1–11　数码相机感光度设置

图1–12　数码相机拍摄模式旋钮

1.2.2 人为因素

拍摄者的技术与拍摄对象的姿势也是影响数码照片质量与精度的重要因素。

1. 人像构图　大多数人像照片都是横拍或竖拍，为了提升构图效果，可以在拍摄时将相机适当旋转一下，这样可以让拍摄对象的头靠近照片的某个角上，形成倾斜构图，效果会更有新意（图1–13）。如果仍然选择传统横拍或竖拍的构图方式，可以考虑在拍摄对象的头部上方少留空白，镜头中心对着拍摄对象的腹部或胸部，这样能突出人像主体（图1–14）。

2. 拍摄角度　尤其是拍摄人物头像或半身像时要注意，除特殊要求外，一般不应拍摄人

图1–13　倾斜构图

图1–14　头部空间

物的正面，应稍微向两侧偏移一点，5° ~10° 均可。拍摄年轻女性可以采取略微俯视的角度拍摄，能体现出面部与胸部轮廓。拍摄男性可以采取略微仰视的角度拍摄，能体现出男性的刚强魅力（图1–15）。拍摄儿童可以平角拍摄，相机距离儿童为1m左右或更近，能体现儿童皮肤的滑嫩质地（图1–16）。

3. 拍照姿势 拍摄人像照片时，应该让拍摄对象自然地面对照相机，对于比较紧张的对象，其眼睛可以不必看着相机，更能体现照片的自然协调。常见的拍照姿势为半卧、蹲、坐、倚靠、站立5种，其中手可以放到身体的任何部位，如将手放进衣裤口袋、背后、抱胸、叉腰、抚摸头发或脸等（图1–17），但是不宜做一些平时从来不做的动作，避免给人错觉或不协调感。此外，拍摄多人合影时要注意，照片中的每个人都应该完全露出面部。

图1–15 男性拍摄角度

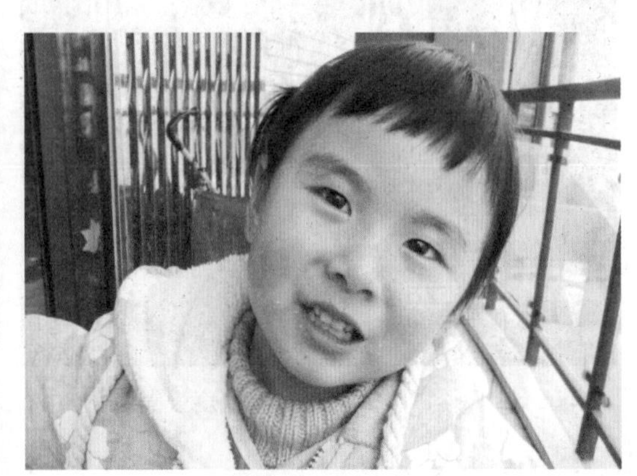

图1–16 儿童近距拍摄

图1–17 常见拍摄姿势

特别提示

拍摄人像面部要注意方法，随意拍摄很难获得满意效果。如果拍摄对象是秃顶，可以从较低角度拍摄，避免采用闪光灯。如果拍摄对象皱纹较多，可以借用闪光灯与反光板，或在白天户外拍摄，侧光会弱化阴影。如果拍摄对象耳朵较大，可以从侧面拍摄，只露出一侧耳朵。如果拍摄对象鼻子较大，可以略微从下向上仰视拍摄，这样不会强调鼻子。如果拍摄对象有双下巴，可以让他们将头向前伸直，使下巴皮肤拉伸。如果拍摄对象是圆脸或脸部较胖，可以从左、右两侧拍摄，只拍摄脸部的70%，这样就不会显得太圆或太胖了。

1.3 数码照片的格式

难度等级 ★★☆☆☆

使用PhotoshopCS修饰人像照片后都要进行保存，照片的文件格式多种多样，可以根据需要来选择（图1–18）。

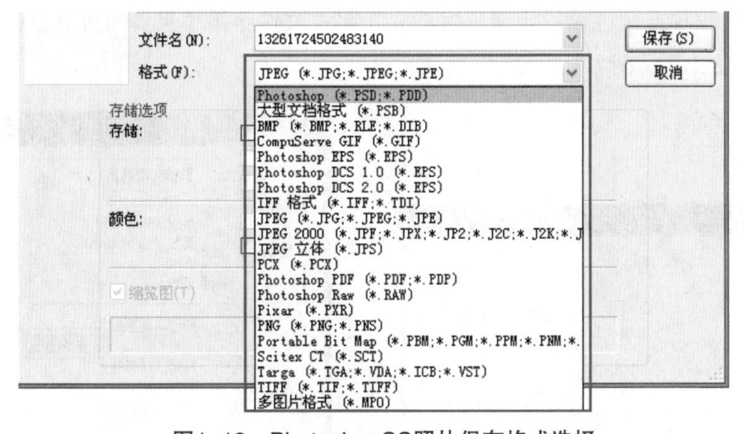

图1–18 PhotoshopCS照片保存格式选择

1.3.1 PSD格式

PSD格式是Adobe公司开发的专门用于支持PhotoshopCS的默认文件格式，专业性较强，支持所有的图像类型，但其他图像软件不能读取该类文件。PSD格式能够精确保存图层与通道信息，但占据磁盘空间大。在日常图片修饰过程中，对于修饰复杂的图片可以储存为PSD格式。

1.3.2 JPEG格式

JPEG格式是应用最为广泛的压缩文件格式，压缩性强，但属于有损压缩。普通生活照片经过简单修饰处理后可以直接保存为JPEG格式，压缩比应设为12（最佳）（图1–19）。

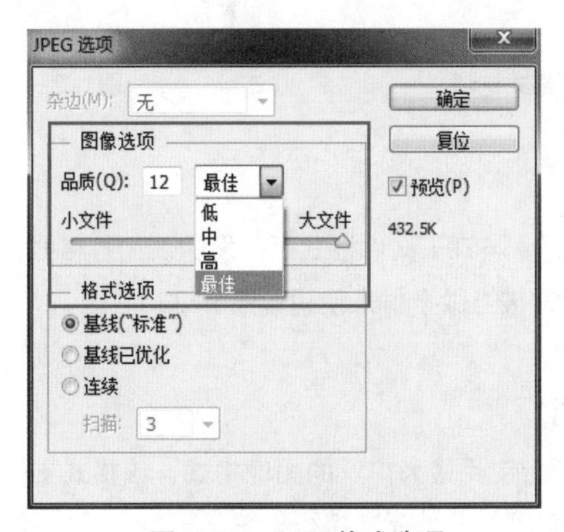

图1–19 JPEG格式选项

1.3.3 TIFF格式

TIFF格式是一种比较灵活的图像格式，应用范围广，可跨平台操作。它支持无损压缩方式，可保存PhotoshopCS图层通道信息（图1-20）。

1.3.4 GIF格式

GIF格式是一种连续色调的无损压缩格式，照片文件容量小且清晰度有保证，主要用于网络传输、主页设计等（图1-21、图1-22）。

图1-21 GIF格式选项（一）

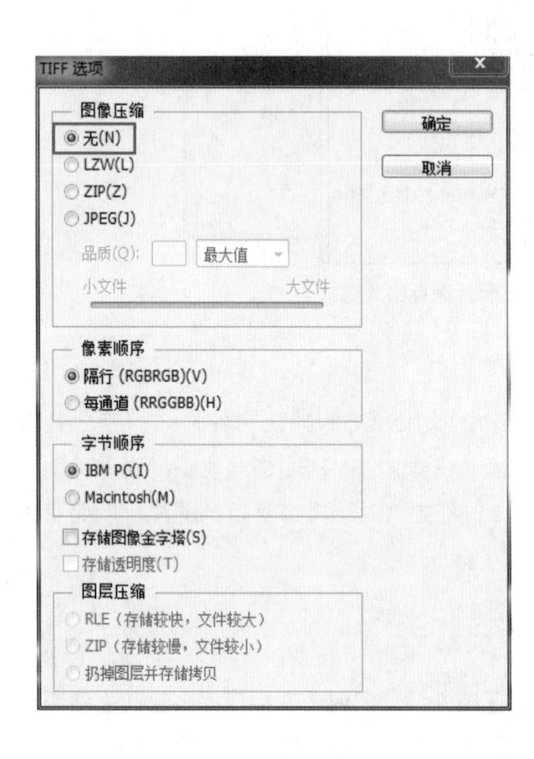

图1-20 TIFF格式选项

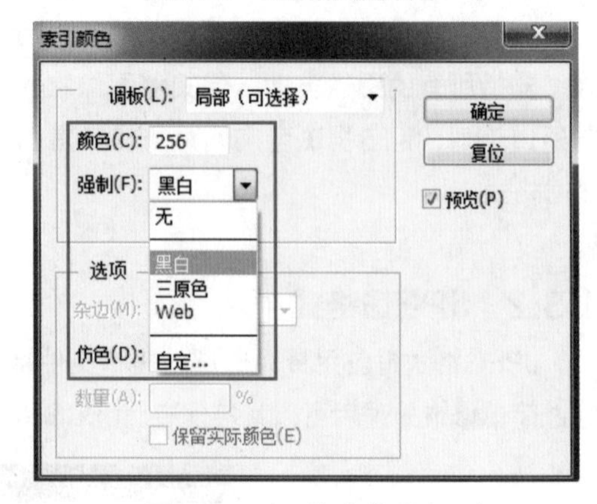

图1-22 GIF格式选项（二）

1.3.5 PNG格式

PNG格式是作为替代GIF与TIFF文件格式而开发的新图片格式，它的压缩比高，生成文件容量小，PNG格式图片通常被当做素材来使用（图1-23）。

1.3.6 TARGA格式

TARGA格式是计算机上应用最为广泛的图像格式，该格式支持压缩，使用不失真的压缩算法，可以保存图层通道信息，另外还支持行程编码压缩（图1-24）。

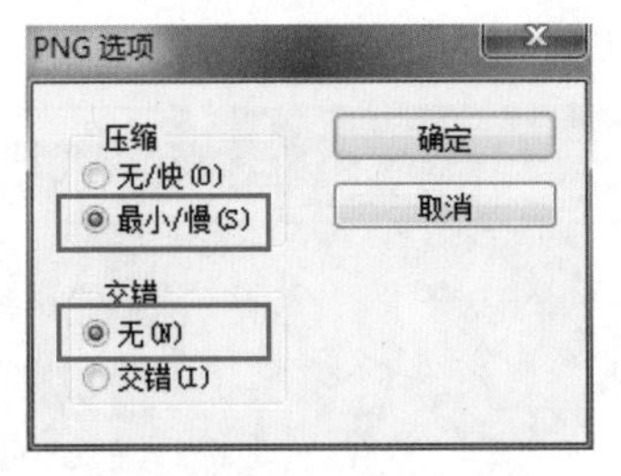

图1-23 PNG格式选项

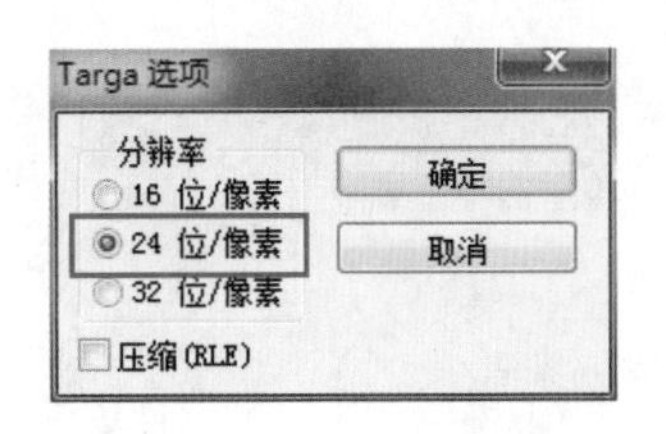

图1-24 TARGA格式选项

1.3.7 BMP格式

BMP格式是Windows操作系统中的标准图像文件格式，包含图像信息丰富，几乎不进行压缩，所以占用的硬盘空间很大（图1-25、图1-26）。

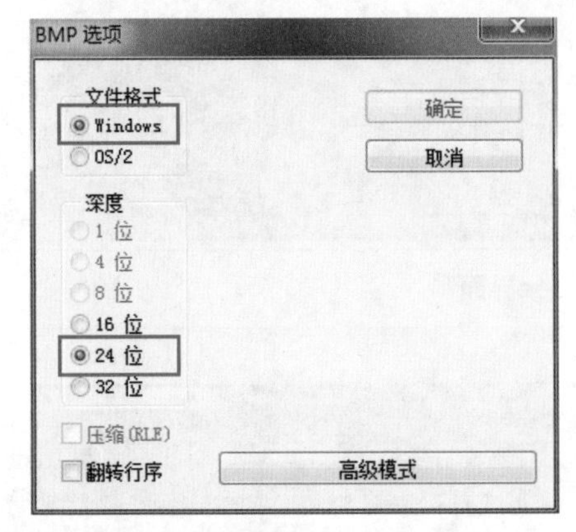

图1-25 BMP格式选项（一）

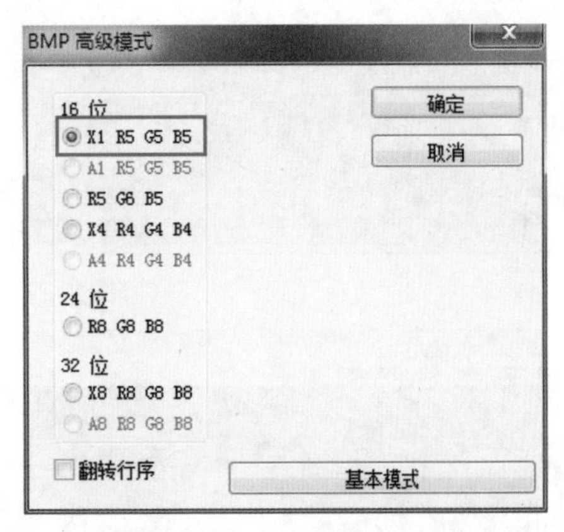

图1-26 BMP格式选项（二）

1.4 数码照片的查看与管理

难度等级 ★★☆☆☆

PhotoshopCS中的Adobe BridgeCS拥有强大的照片与设计管理功能。使用Adobe BridgeCS可以查看照片，包括查看照片所有信息、改变照片预览图大小等；可以编辑照片，包括复制、粘贴、旋转；可以批处理照片，批处理重命名照片；可以进行照片分类，为照片标星级、设置照片标签颜色等；可以直接打开照片，将照片调入PhotoshopCS中修饰。

1.4.1 查看照片

1. 在PhotoshopCS菜单栏中点击“文件—— 在Bridge中浏览”命令，系统会自动打开Bridge界面（图1-27）。

2. 在左侧“收藏夹”或“文件夹”面板中选择要浏览的文件夹，该文件夹中照片缩略图会显示在内容窗口中。调节 [滑块] 可以改变缩略图大小（图1-28）。

3. 点击图片缩略图，在右侧“预览”面板下部能显示出被选照片的各种信息。在“元数据”面板中可以看到文件属性、相机数据等信息（图1-29）。通过文件属性可以了解到照片

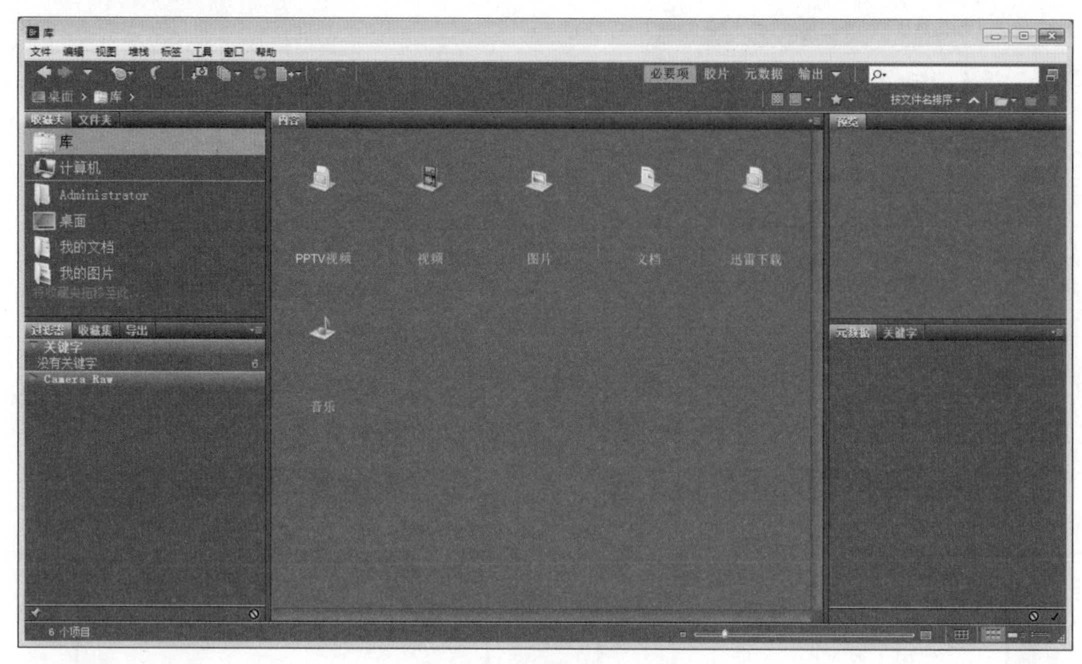

图1-27 打开Bridge界面

图1-28 查看照片缩略图

文件的拍摄时间、修改时间、文件尺寸、分辨率、颜色模式、位深度等信息。通过查看数码相机数据，进一步了解照片文件在拍摄时采用的拍摄方式（图1-30）。

1.4.2 编辑照片

1. 复制照片文件 选择照片文件，在菜单栏单击“编辑——复制”命令，或在选中的照片上单击右键，在弹出的快捷菜单中选择“复制”命令。

2. 粘贴照片文件　在菜单栏单击“编辑——粘贴”命令，或在“内容”面板的空白区域点击右键，选择“粘贴”命令。

3. 旋转照片文件　选择照片文件，在菜单栏单击“编辑”，会弹出如下菜单（图1-31），有3种旋转方式供选择，还可以选择照片文件后点击 进行旋转。

虽然编辑照片的功能有限，但是能极大方便处理日常大量照片，且可以有比较地处理人像照片。

图1-29　查看照片信息（一）

相机数据（EXIF）	
曝光模式	自动
曝光指数	1/1
焦距	4.9 毫米
35mm 胶片的焦距	27.0 毫米
最大光圈值	f/3.5
原始日期时间	2012/9/30, 9:52:26
闪光灯	未闪光，强制模式
测光模式	图案
白平衡	自动
场景拍摄类型	标准
对比度	0
饱和度	0
锐化程度	正常
传感方法	单芯片传感器
文件源	数码相机
建立	SAMSUNG
机型	SAMSUNG ST65 / VLUU ST65 / SAMSUNG ST67

图1-30　查看照片信息（二）

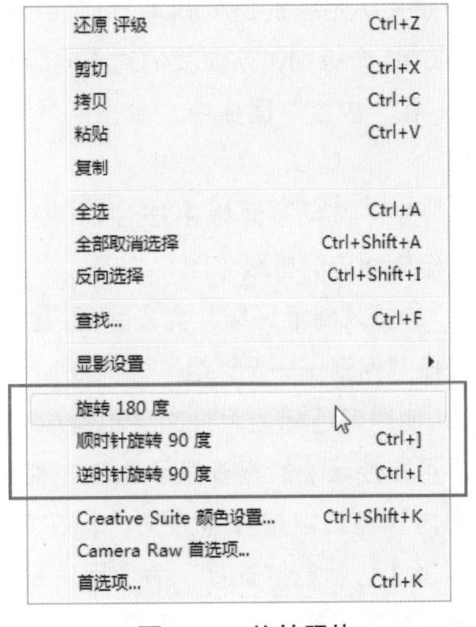

图1-31　旋转照片

1.4.3 批处理照片

1. 按住“Ctrl”键选择多个照片文件，在菜单栏单击“工具”中的“批重命名”或按快捷键Ctrl+Shift+R，即可弹出“批重命名”对话框（图1–32）。

2. 设置完成后，单击“重命名”按钮，完成重命名。

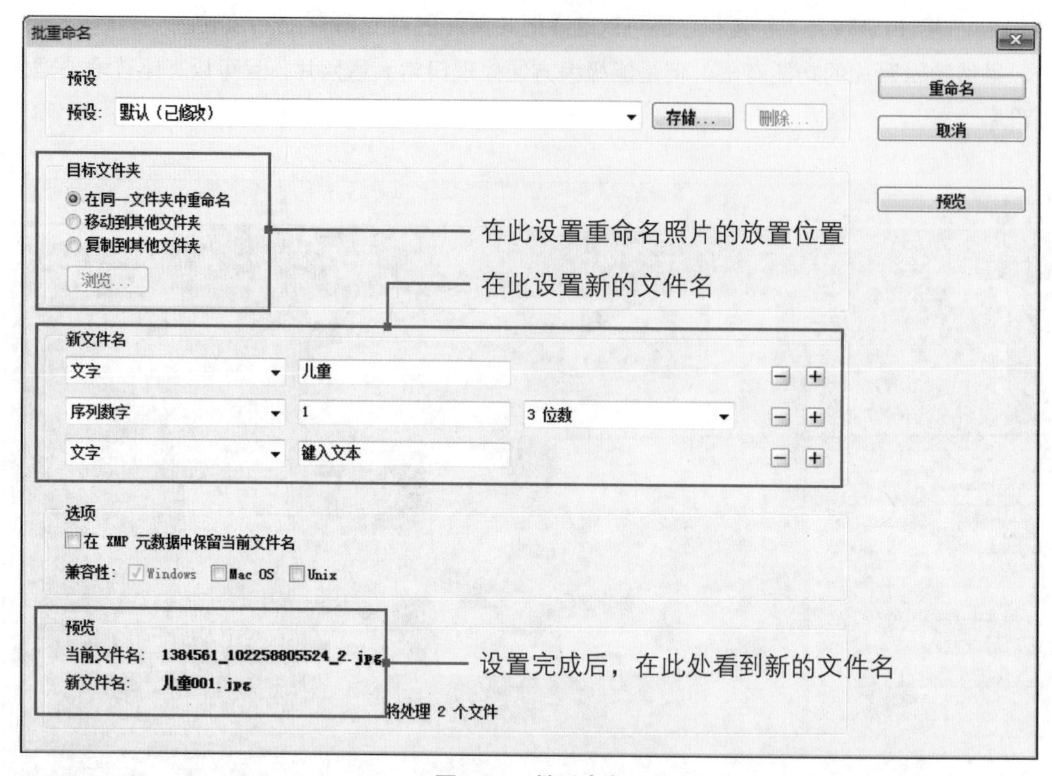

图1–32 批重命名

1.4.4 照片分类

为照片标定级别是Adobe BridgeCS提供的一种非常实用的功能，Adobe BridgeCS提供了从1~5星5个级别，方便我们对不同级别的照片进行操作。

1. 在“内容”面板中，单击照片下方代表星数的点，即为照片添加星级（图1–33、图1–34）。

2. 在“内容”面板中按住Ctrl键单击多张要选取的照片，选择后，单击菜单栏“标签”，选择相应的星级（图1–35）。

3. 选择“降低评级”会去除1颗星，选择“提升评级”给照片添加1颗星。要去除所有的星，选择“标签——无评级”命令。

4. 使用颜色标记照片文字也是Adobe BridgeCS中的实用功能之一，使用颜色为照片标记后，可以使照片的标签显示为某一种特定的颜色，从而与其他照片区别。若要标记照片，可以在内容窗口中选择照片文件，在菜单栏单击“标签”，在弹出的菜单中选择标签类型（图1–36）。执行“选择”命令后，照片会加上红色标签（图1–37）。选择照片，单击菜单“标签——无标签”命令，即可清除标签。

图1-33 未标星照片

图1-34 标5星照片

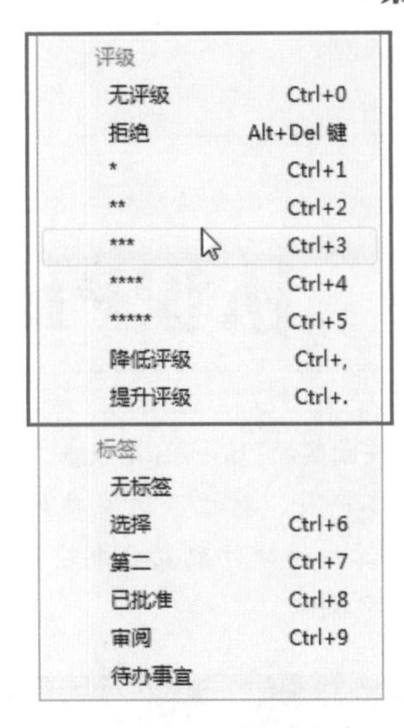

图1-35 选择星数

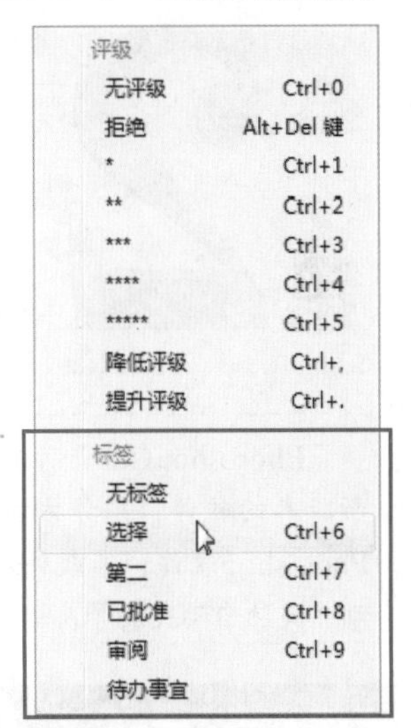

图1-36 选择标签类型

图1-37 红色标签

1.4.5 打开照片

将Adobe BridgeCS的照片调入到Photoshop中进行处理非常简单，通常可以直接在Adobe BridgeCS中双击照片打开，也可以将照片从Adobe BridgeCS中拖拽至PhotoshopCS中打开（图1-38），或在选中的照片上单击右键，选择“打开”命令打开照片（图1-39）。

图1-38 拖拽打开

图1-39 右键打开

第2章 认识PhotoshopCS6

PhotoshopCS6是目前比较成熟的Photoshop版本，用户也可以根据实际情况选用以往版本或更新版本的软件，操作方法基本一致。对于普通家庭用户与商业用户，不宜选用刚上市的新版本Photoshop软件，其软件对计算机的硬件配置要求较高，操作时可能会出现各种问题，如停滞不动、突然自动关闭等，影响正常操作。

2.1 安装启动PhotoshopCS6

难度等级 ★☆☆☆☆

2.1.1 安装步骤

1. 先准备软件，复制到计算机硬盘中或从光盘直接安装，双击“安装向导”（图2-1）。

图2-1 双击安装向导

2. 弹出警告，点击“忽略”（图2-2）。

图2-2 忽略警告

3. 正在初始化安装程序（图2-3）。

图2-3 初始化安装程序

4. 选择安装或试用，下面以安装为例，点击“安装”（图2–4）。出现Abobe软件许可协议，点击“接受”（图2–5）。

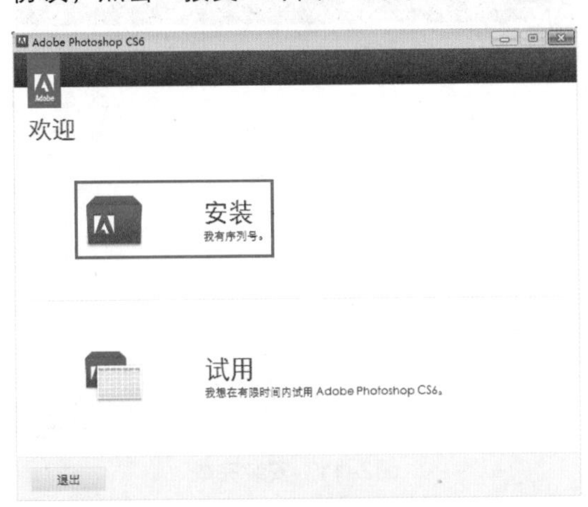

图2–4　选择安装

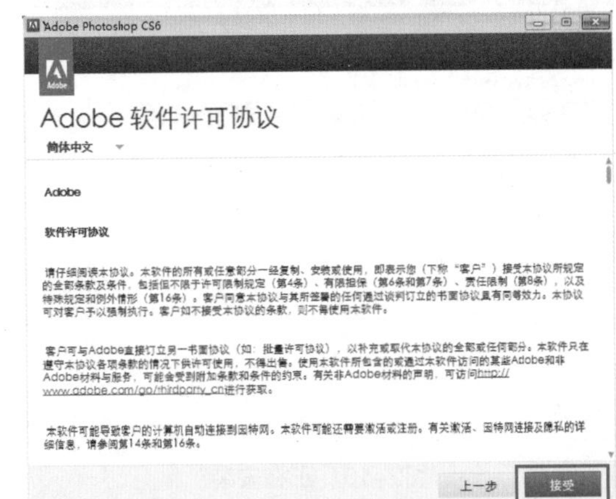

图2–5　接受软件许可协议

5. 输入序列号（图2–6）并点击“登录”（图2–7）。

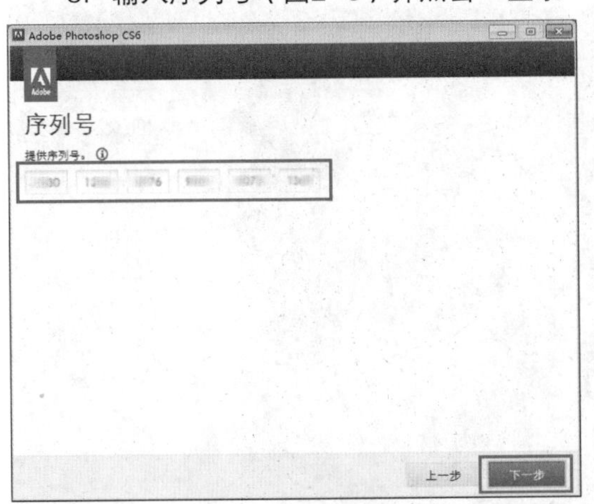

图2–6　输入序列号

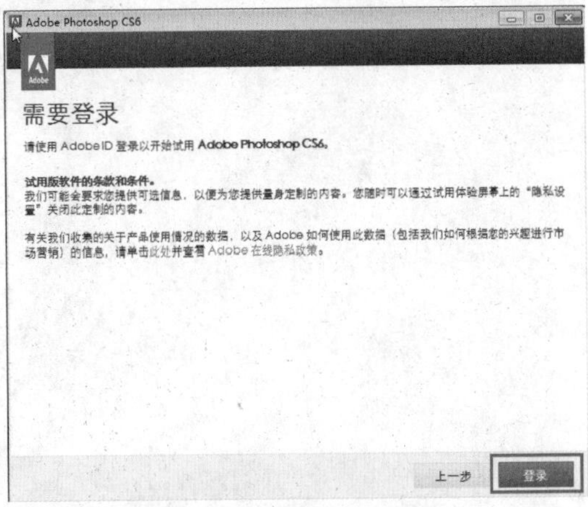

图2–7　ID登录

6. 创建AdobeID（图2–8），选择语言与安装位置，单击“安装”（图2–9）。

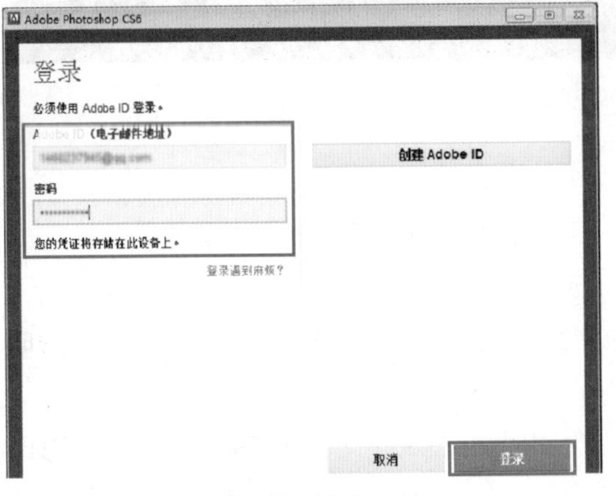

图2–8　输入ID

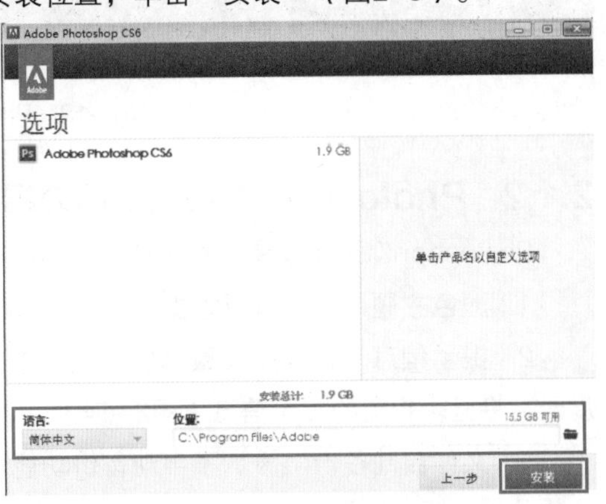

图2–9　选择语言与安装位置

7. 正在安装（图2-10），安装完成后单击“关闭”（图2-11）。

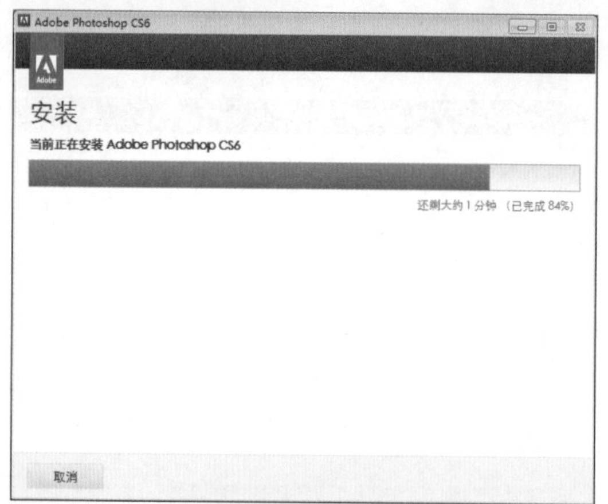

图2-10　正在安装

图2-11　安装完成

8. 在开始菜单中找到PhotoshopCS6，点击该程序打开界面（图2-12）。

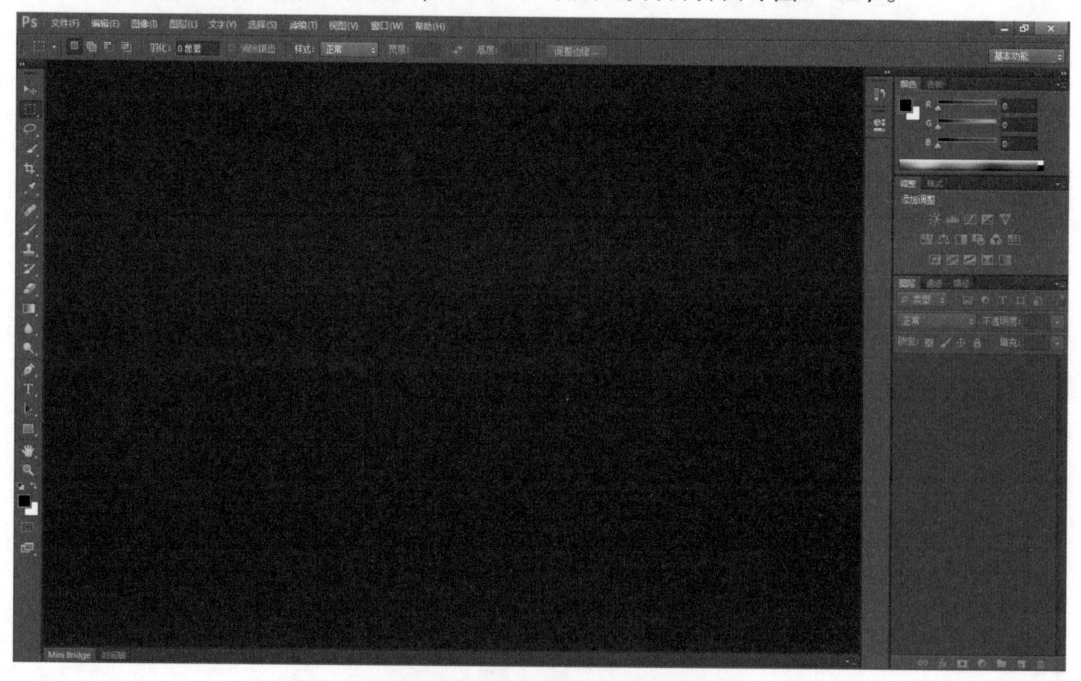

图2-12　PhotoshopCS6界面

2.1.2　PhotoshopCS6新功能介绍

PhotoshopCS6在以往版本的基础上增加了一些新功能，更方便人像照片修饰。

1. 颜色主题　用户可以根据自己喜好选择界面的颜色主题（图2-13）。

2. 提示信息　在绘制矢量对象，调整选区、路径，以及调整画笔的大小、硬度、不透明度时，将显示相应的提示信息（图2-14）。

3. 文件自动备份　添加了自动备份功能后，不用再担心因计算机突然关闭等情况，将已编辑的操作丢失。该功能能后台保存，不影响前台的正常操作。保存位置是在第一个暂存盘

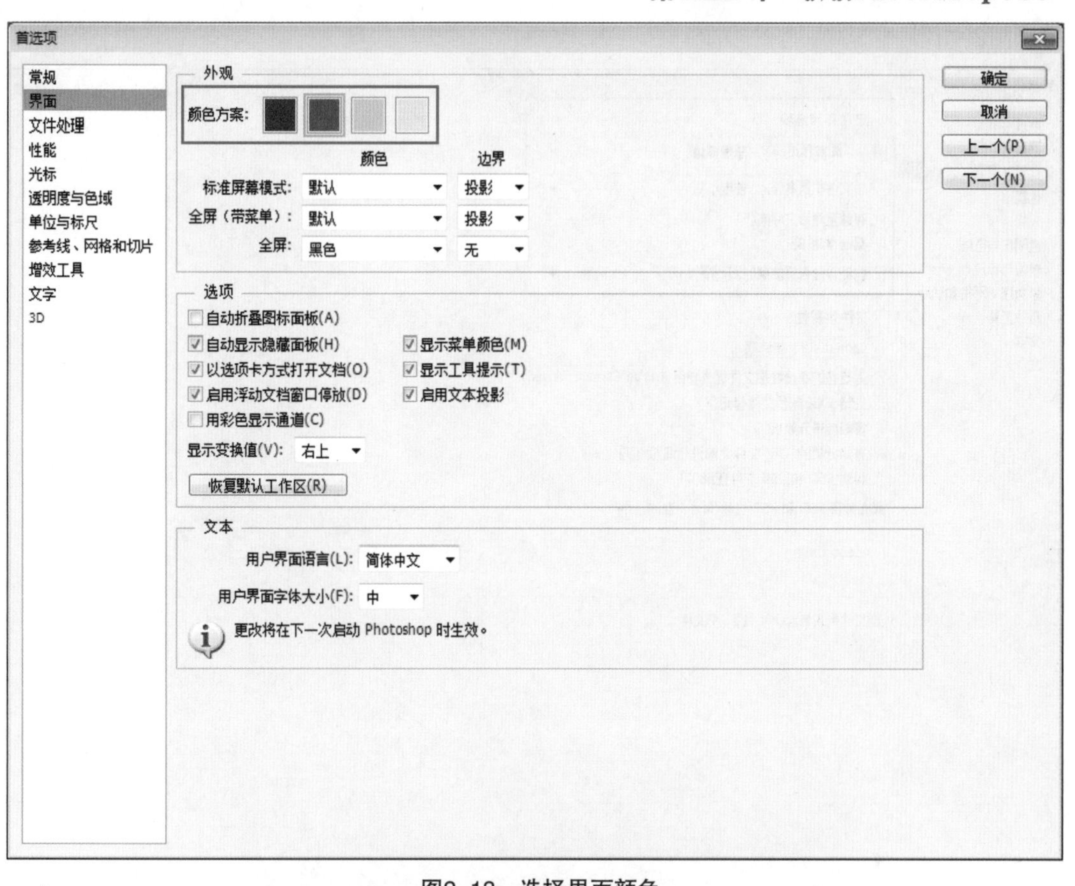

图2-13　选择界面颜色

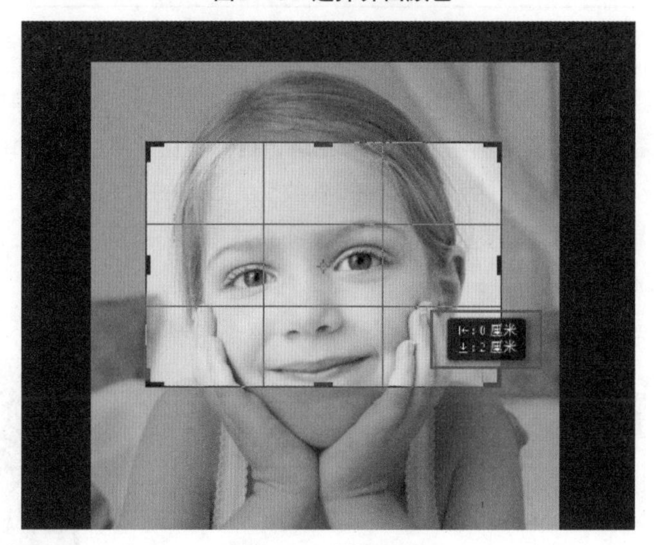
图2-14　提示信息

目录中将自动创建一个PSAutoRecover文件夹，备份文件便保存在此文件夹中。当前文件正常关闭时将自动删除相应的备份文件；当前文件非正常关闭时备份文件将会保留，并在下一次启动PhotoshopCS6后自动打开。文件自动保存时间在菜单栏“编辑——首选项”中进行设置（图2-15）。

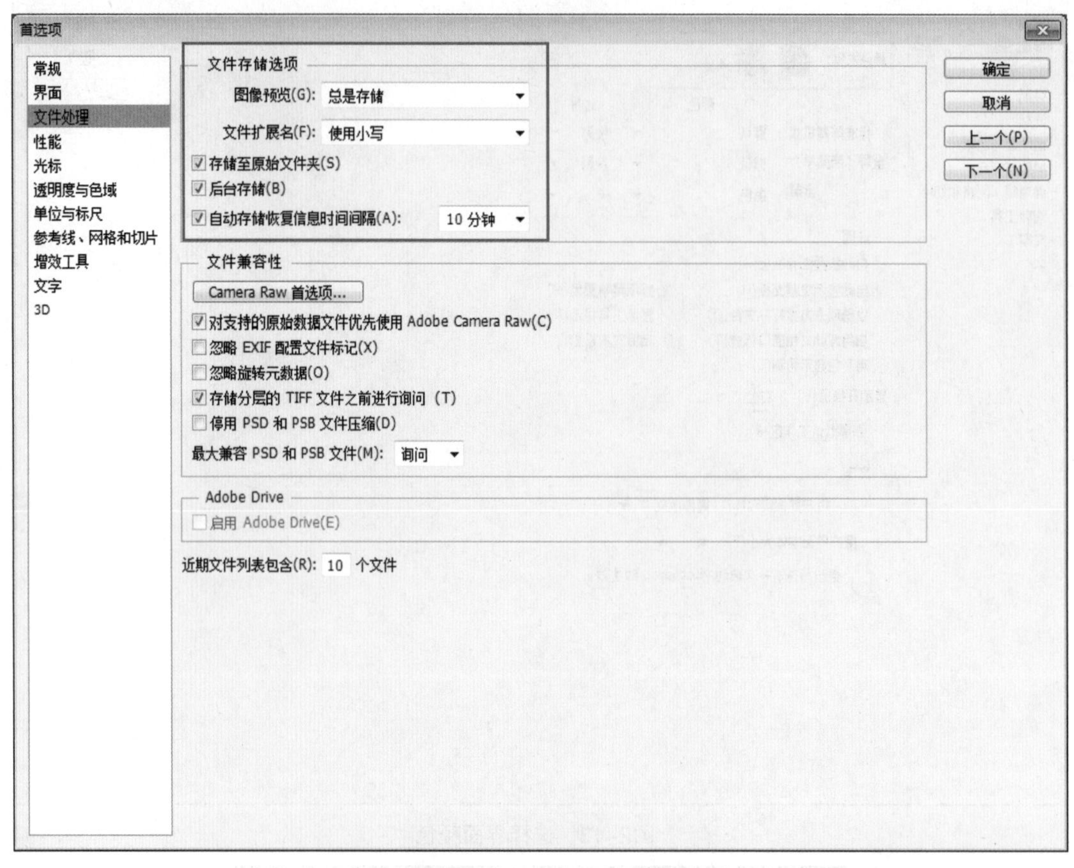

图2-15　文件存储选项

4. 图层过滤器　图层调板中新增了图层过滤器，与此对应，选择菜单中增加了“查找图层”命令，本质上都是根据图层的名称来过滤图层，提高工作效率（图2-16）。

5. 内容感知技术　在CS4的“内容感知缩放”，CS5的“内容感知填充”功能之后，CS6中又在补丁工具中增加了“内容识别”的修补模式（图2-17）。在工具箱中新增了“内容感知移动工具”（图2-18）。

6. 裁切工具与透视裁切工具　早期Photoshop版本的剪切工具中，“透视”仅仅是其中

图2-16　图层过滤器

图2-17　内容识别

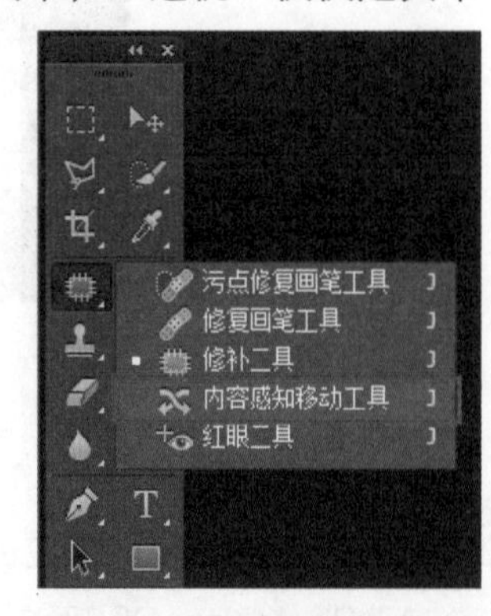

图2-18　内容感知移动工具

的一个选项，新版中将其独立出来成为专门的透视裁剪工具（图2-19）。

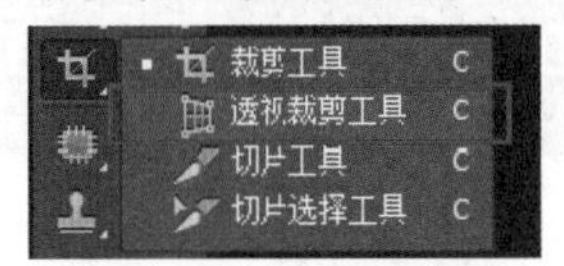

图2-19 透视裁剪工具

裁剪工具属性栏也发生了很大的变化，在属性栏的左端专门设置了一个设定裁剪比例的控件，同时还增加了拉直图像的控件，裁剪参考线的类型更加多样，保留区域与裁切区域的显示方式也更加灵活多样，还增加了是否“删除裁剪的像素”选项，修改裁剪更加方便（图2-20）。原来设置图像大小的相关控件被完整地移植到了新增的透视裁切工具中（图2-21）。

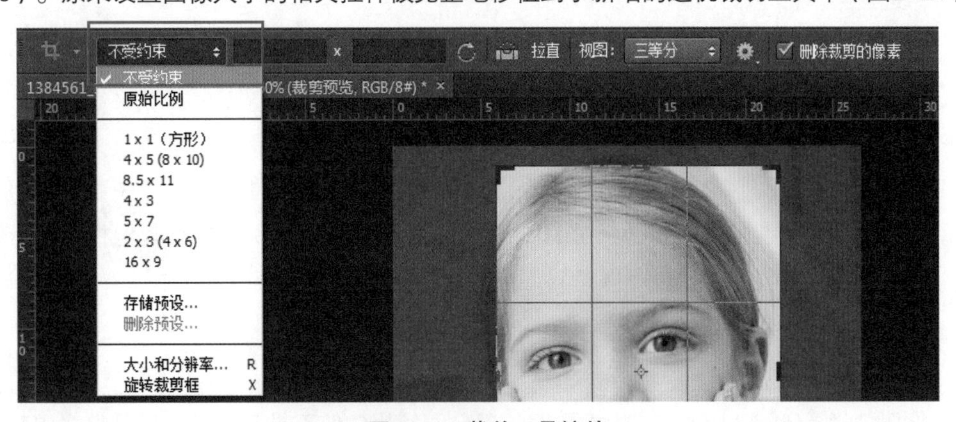

图2-20 裁剪工具控件

图2-21 设置图像大小控件

7. 魔棒工具 增加了“取样大小”选项，使取样值更趋合理（图2-22）。

8. 色彩范围 命令增加了“肤色”选项，以便获得更加精确的皮肤选区（图2-23）。

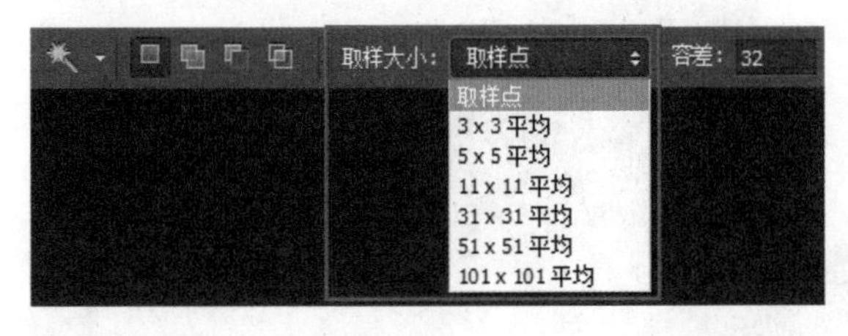

图2-22 魔棒取样大小选项

图2-23 色彩范围肤色选项

2.2 PhotoshopCS6操作界面

难度等级 ★☆☆☆☆

启动PhotoshopCS6后出现的窗口为软件窗口，包含了工具属性栏、菜单栏、控制面板工具箱和状态栏等，用户可以打开一个或多个图像编辑窗口（图2-24）。

2.2.1 菜单栏

菜单栏中包含了文件、编辑、图像、图层、文字、选择、滤镜、3D、视图、窗口、帮助等菜单，这些菜单都是按主题进行组织的。

2.2.2 工具箱

PhotoshopCS6的工具箱提供了所有用于图像绘制和编辑的工具，这些工具分为四个组排列在工具箱中，分别是“选取和移动工具组”、“绘画和修饰工具组”、“矢量工具组”、“辅助工具组”。工具箱中图标右下角如果有小三角形符号，这说明还有其他相关工具隐藏于此，将鼠标在该工具图标上按下保持1秒不放，就会显示相关全部工具。

2.2.3 工具属性栏

工具属性栏是PhotoshopCS6的重要组成部分，使用任何工具都要在工具属性栏中对其参

图2-24 PhotoshopCS6操作界面介绍

数进行设置。

2.2.4 控制面板

使用控制面板可以极大地提高工作效率，是PhotoshopCS6的重要组成部分。默认情况下，控制面板是成组出现的，在操作过程中，可以自由的移动、展开、折叠、显示或隐藏，以方便操作。

2.3 数码照片基本操作方法

难度等级 ★☆☆☆☆

照片处理的常用工具或命令为“打开”、“储存为”、“关闭”等命令，这些操作方法是掌握PhotoshopCS6的基础。

2.3.1 打开

1. 在菜单栏单击“文件——打开”命令或按快捷键Ctrl+O，弹出“打开”对话框，选择需要打开的照片文件（图2-25）。

2. 点击“打开”按钮，即可以打开选择的照片文件，此时图像编辑窗口中的照片就能显示出来。

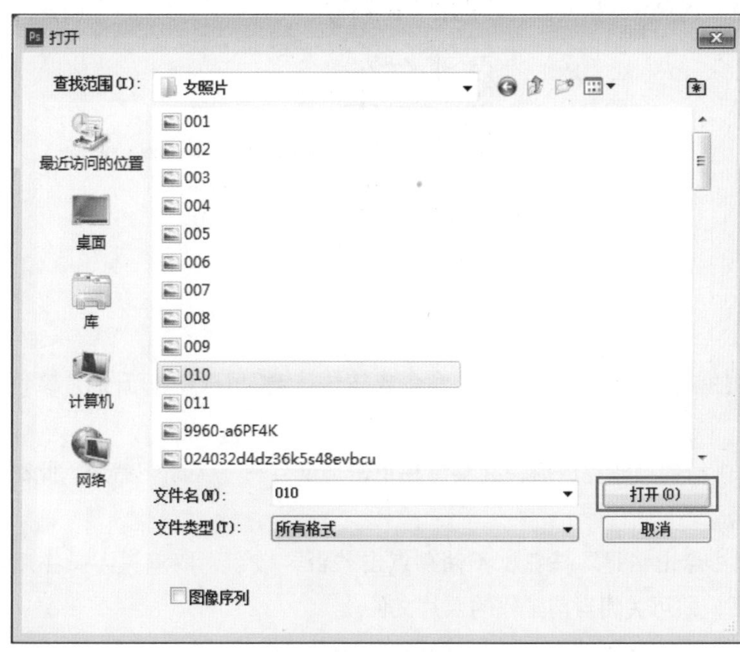

图2-25 打开照片

2.3.2 储存

1. 在菜单栏单击“文件——打开”命令或按快捷键Ctrl+O，打开1张照片文件，此时图像编辑窗口中会显示照片。

2. 在菜单栏单击“文件——储存为”命令或按快捷键Ctrl+Shift+S，在弹出的“储存为”对话框中设置各选项（图2-26）。

3. 设置完成后，单击“保存”按钮，即可储存编辑好的照片。

图2-26 储存照片

2.3.3 关闭

1. 在菜单栏单击“文件——打开”命令或按快捷键Ctrl+O，打开照片文件，此时照片图像会显示。

2. 对照片进行的操作完成后，在菜单栏单击“文件——关闭”命令，此时会弹出提示对话框（图2-27）。

3. 储存照片点击“是”按钮，不储存点击“否”按钮，取消关闭操作点击“取消”按钮，操作完成后，即可关闭当前工作的照片文件。

图2-27 关闭照片

2.4 Adobe Camera Raw应用

难度等级 ★★☆☆☆

Adobe Camera Raw是PhotoshopCS6的一个插件，专门用来处理高档相机拍摄的无损格式照片。而RAW格式没有进行压缩，文件很大，它能记录更丰富的信息，为后期处理留有更大余地。 Adobe Camera Raw具有强大的处理功能，能对明暗、高光／阴影、锐度有更好的调整。Adobe Camera Raw的安装十分简单，只需要将下载的插件复制到PhotoshopCS6的安装目录下即可。

2.4.1 打开图片

安装完成后，使用PhotoshopCS打开1幅RAW格式的照片，或在Adobe Bridge里双击一个raw文件图标均可进入Adobe Camera Raw的界面（图2–28）。

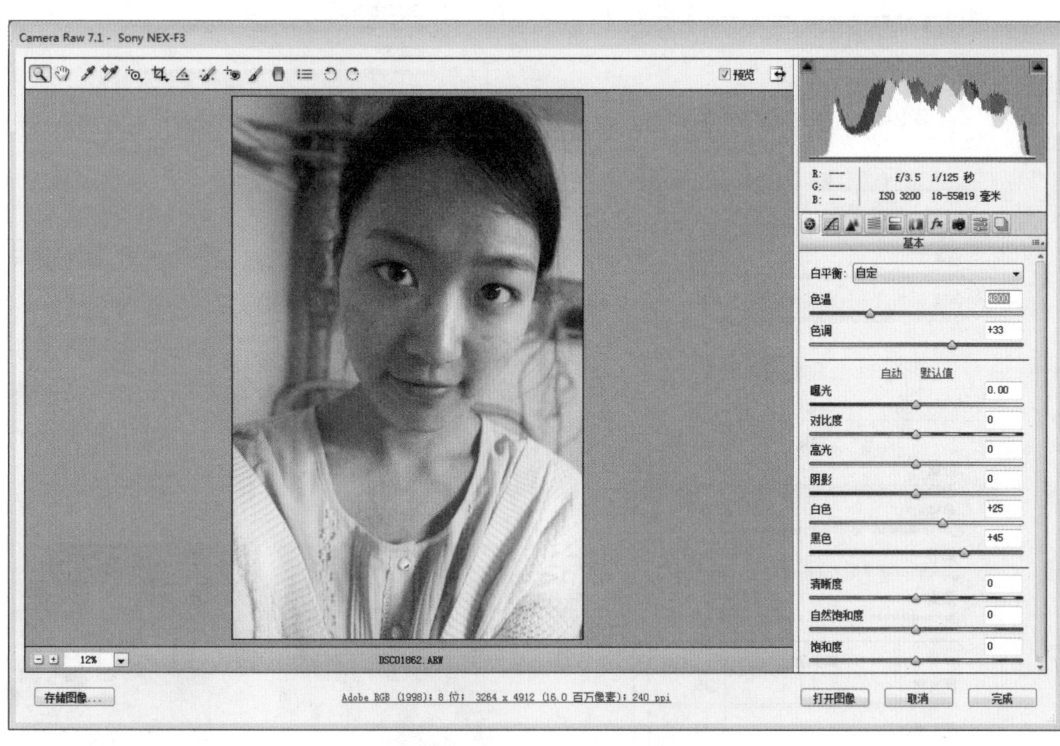

图2–28 Adobe Camera Raw的界面

2.4.2 工具选用

常用工具栏“ ”在操作界面的顶部，包括“缩放工具”、“抓手工具”、“白平衡工具”、“颜色取样器工具”、“目标调整工具”、“剪裁工具”、“拉直工具”、“污点去除”、“红眼去除”、“调整画笔”、“渐变滤镜”、“打开首选项对话框”、“逆时针旋转图像90° ”、“顺时针旋转图像90° ”。

基础篇 修饰篇 精华篇

右侧上方为直方图区域，能直观看到照片的色彩信息（图2-29）。右侧下方为图像调整选项卡，图像调整选项卡中包括“基本”、“色调曲线”、“细节”、“HSL/灰度”、“分离色调”、“镜头校正”、“效果”、“相机校准”、“预设”、“快照”（图2-30）。

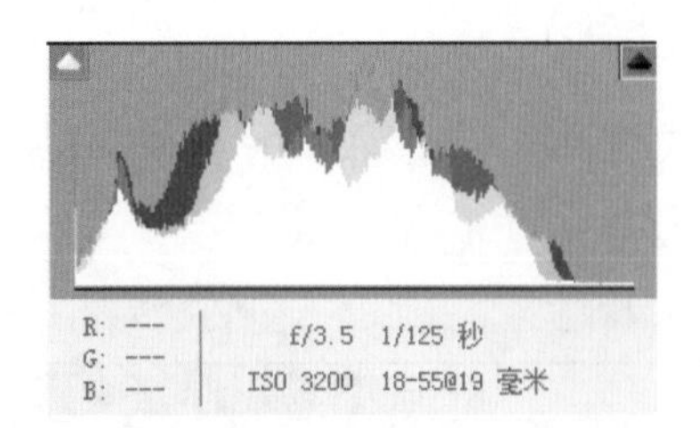

图2-29 照片的色彩信息

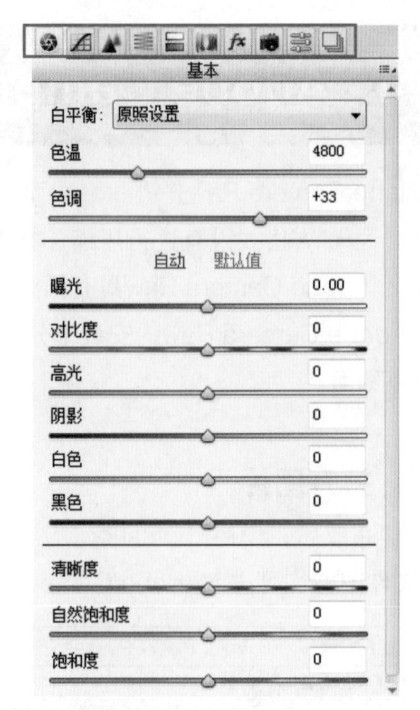

图2-30 图像调整选项

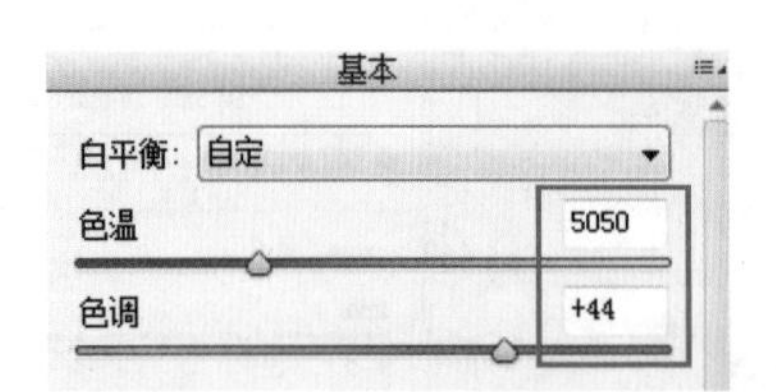

图2-31 基本调整参数

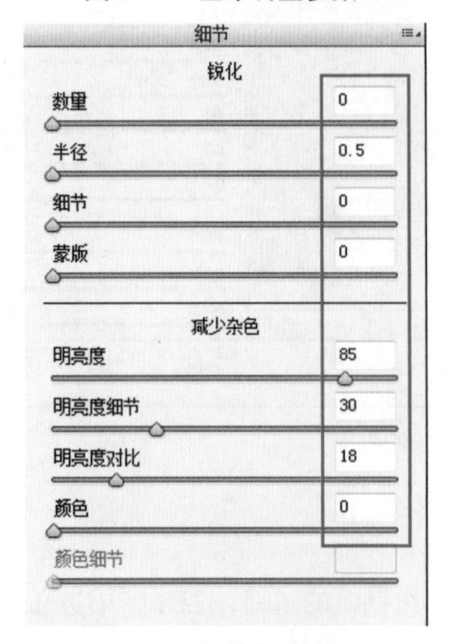

图2-32 细节调整参数

2.4.3 照片调整

对该照片进行调整，在“基本”选项卡中调整“色温”为5050，“色调”为+44（图2-31）。在“细节”选项卡中设置“明亮度”为85、“明亮度细节”为30、“明亮度对比”为18（图2-32）。此时照片人物的皮肤就光滑许多了（图2-33、图2-34）。

图2-33 修饰前的照片

图2-34 修饰后的照片

第3章 数码照片常规修饰

数码照片常规修饰主要包括裁剪、旋转、润饰、色彩调整、加入文字与图形等，这些修饰在日常生活照中经常使用，甚至适合每一张数码照片，经过常规修饰的数码照片才具有观赏价值，具有保存、冲印的意义。常规修饰也是数码照片后期精加工的基础。

3.1 数码照片裁剪

难度等级 ★☆☆☆☆

数码照片裁剪主要使用“裁剪”工具，经过裁剪后的照片构图更完美，中心更醒目，注意裁剪后的照片长宽比应该为2：3、4：3、16：9等几种，除特殊构图外，一般不宜随意更改（图3–1、图3–2）。

图3–1 修饰前的照片

图3–2 修饰后的照片

1. 在菜单栏单击“文件—— 打开”命令或按快捷键Ctrl+O打开素材光盘中的“素材/第3章/3.1数码照片裁剪”照片。

2. 选取“工具箱”中“裁剪”工具，照片四周会自动出现裁剪框（图3–3）。

图3–3 裁剪框

3. 在“裁剪”工具的属性栏中设置要裁剪照片的比例为2×3，去掉“删除裁剪的像素”选项前的√，方便修

基础篇 修饰篇 精华篇

改裁切（图3–4）。

图3–4　裁剪工具属性栏

4. 调整裁剪框的大小与位置（图3–5）。

5. 位置调整完毕后，按回车键完成裁剪（图3–6）。

图3–5　调整裁剪框大小与位置

图3–6　裁剪修饰完毕

3.2　数码照片旋转

难度等级 ★☆☆☆☆

数码照片旋转主要使用“标尺”工具、“任意角度”命令、“裁剪”工具，能修整拍摄角度歪斜的照片，由于用到了“裁剪”工具，因此经过旋转角度的照片都会比原照片小，这种修饰方法不适合构图太饱满的照片。如果在拍照取景时把握不准，可以在人像周边适当留取更多的空间，以供后期修饰（图3–7、图3–8）。

图3–7　修饰前的照片

图3–8　修饰后的照片

图3-9 用标尺绘制直线

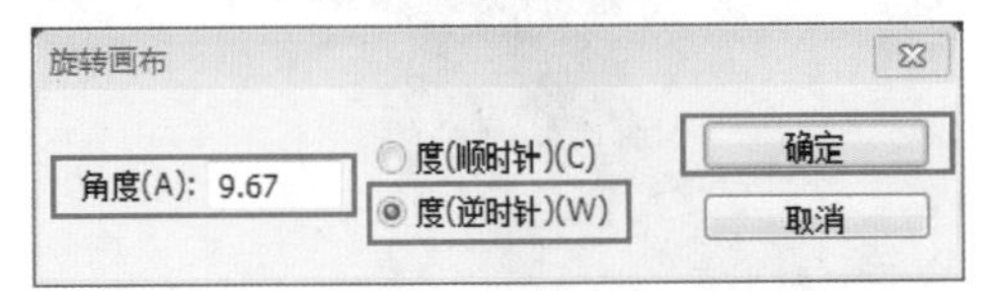

图3-10 获取旋转角度

图3-11 旋转照片

1. 在菜单栏单击“文件——打开”命令或按快捷键Ctrl+O打开素材光盘中的“素材\第3章\3.2数码照片旋转”照片。此照片在拍摄时发生了倾斜，用下面的步骤将其旋转过来。

2. 在“工具箱”中点击选取“标尺”工具，从照片右侧柱子的上方向下方拖动鼠标绘制1条直线，目的是获取照片倾斜的角度（图3-9）。

3. 拖动完成后，在菜单栏中点击“图像——图像旋转——任意角度”命令，弹出“旋转画布”对话框，对话框中所显示“角度”为9.67，并选择“度（逆时针）”选项（图3-10）。

4. 设置完成后点击“确定”按钮，此时图像已经被旋转（图3-11）。

5. 选取“工具箱”中的“裁剪”工具，调整裁剪框大小，注意裁剪框不应超出照片边缘（图3-12）。

6. 调整完毕后，按回车键完成裁剪，便获得经过旋转的照片（图3-13）。

图3-12 裁剪照片

图3-13 旋转修饰完毕

3.3 数码照片润色

难度等级 ★★☆☆☆

数码照片润色主要使用“USM锐化” 命令与“色阶”命令，能提升人像照片清晰度，提升照片的整体层次，用于弥补拍摄时相机抖动或拍摄对象运动等原因造成昏暗、模糊的不良效果（图3–14、图3–15）。

图3–14 修饰前的照片

图3–15 修饰后的照片

1. 在菜单栏单击“文件——打开”命令或按快捷键Ctrl+O打开素材光盘中的“素材/第3章/3.3数码照片润色”照片。我们可以发现现有照片比较模糊。

2. 在菜单栏中点击“滤镜——锐化——USM锐化”命令，弹出“USM锐化”对话框，在对话框中设置“数量”为157、“半径”为6.0、“阈值”为3（图3–16）。

3. 设置完成后，单击“确定”按钮（图3–17），照片已经较以前清晰了。

4. 将原图层拖动至“创建新图层”按钮上，复制“背景”图层，在得到的“背景副本”图层中设置“混合模式”为“线性减淡（添加）”、“不透明度”为13%（图3–18）。

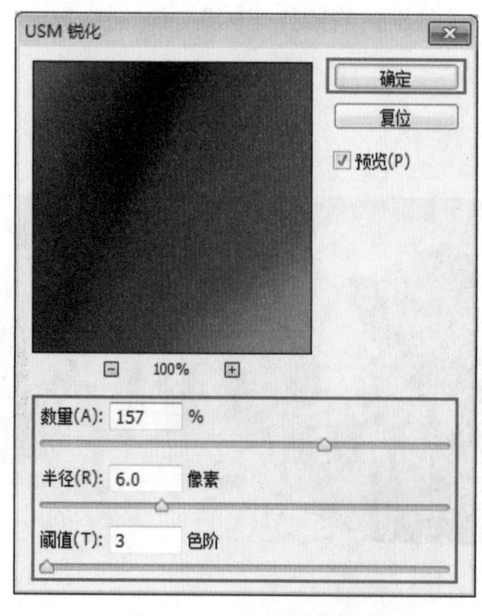

图3–16 USM锐化选项

图3–17 USM锐化后的照片

5. 此时照片效果就比较丰富了（图3-19）。

6. 在“图层”控制面板中单击“创建新的填充或调整图层”按钮（图3-20），在弹出的菜单中选择“色阶”命令，在“色阶”调整面板中将“阴影”与“高光”控制滑块向中间滑动，同时观察照片的修改效果，直至满意即可（图3-21）。

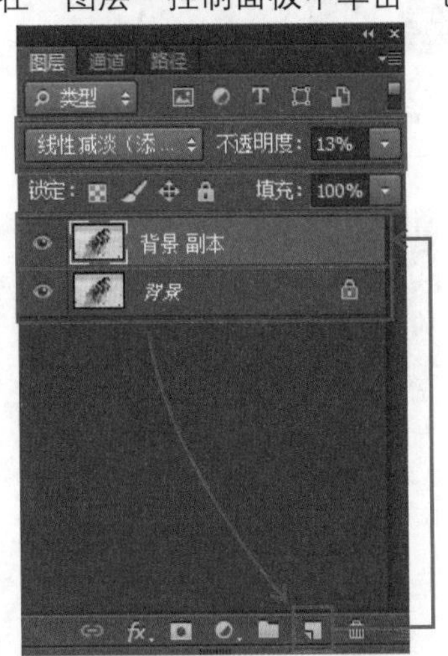

图3-18　复制图层并修改透明度

图3-19　修改后的照片

7. 至此，照片调整完成（图3-22）。

图3-20　创建新的填充或调整图层

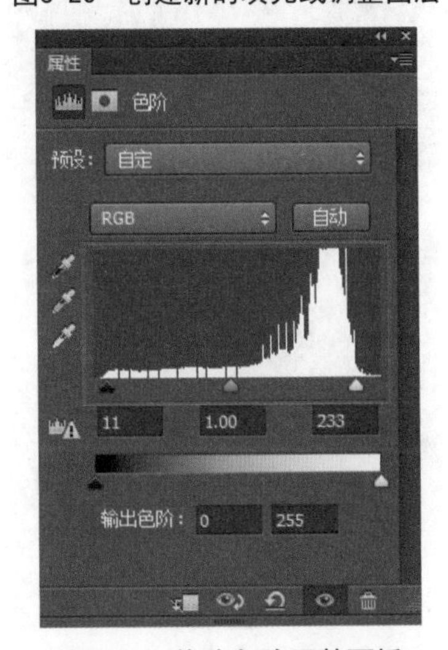

图3-21　修改色阶调整面板

图3-22　润色修饰完毕

特别提示

数码照片润色方法适用于各种类型人像照片修饰，经过处理后的照片均能达到满意效果，适用于同一批拍摄照片集中批量修饰。

3.4 数码照片色彩调整

难度等级 ★☆☆☆☆

对数码照片进行色彩调整主要使用“自然饱和度”命令，能提升照片的色彩效果，获得更加艳丽的色彩效果（图3-23、图3-24）。

图3-23 修饰前的照片

图3-24 修饰后的照片

1. 在菜单栏单击“文件——打开”命令或按快捷键Ctrl+O打开素材光盘中的“素材\第3章\3.4数码照片色彩调整”照片。

2. 在菜单栏中点击“图像——调整——自然饱和度”命令，弹出“自然饱和度”对话框，设置“自然饱和度”为+52，“饱和度”为+41（图3-25）。

3. 设置完成后单击“确定”按钮完成修饰（图3-26）。

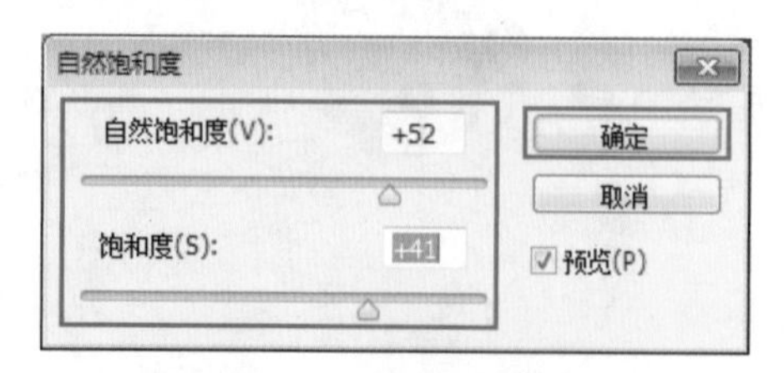

图3-25 自然饱和度选项

图3-26 色彩调整完毕

特别提示

色彩调饰的操作方法虽然简单，但是不宜对一张照片进行重复调饰，每次调饰都会造成照片色彩像素损失，重复3次以上就会造成色彩层次单一，因此应尽量做到一次成功。

3.5 数码照片加入文字与形状

难度等级 ★★★☆☆

给照片加入文字主要使用“文字输入” 工具、“自定形状” 工具、“自由变换” 命令、“复制图层” 命令，能提升照片的意义，表现出拍摄思想与画外音（图3–27、图3–28）。

图3–27 修饰前的照片

图3–28 修饰后的照片

1. 在菜单栏单击“文件——打开”命令或按快捷键Ctrl+O打开素材光盘中的“素材\第3章\3.5数码照片加入文字与形状”照片。

2. 选取“工具箱”中的“直排文字”工具 ，移动鼠标指针到照片女孩右上方，单击鼠标左键，确定输入点（图3–29）。

3. 在工具属性栏中设置“字体”为“黑体”、“字体大小”为130点、“颜色”为蓝色（图3–30），蓝色的RGB参数值分别为R：72、G：181、B：231（图3–31）。

图3–29 确定输入点

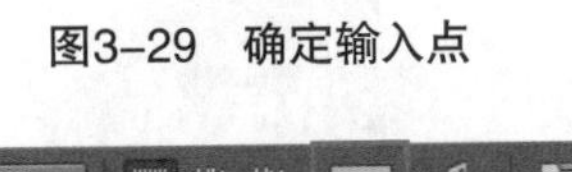

图3–30 字体属性栏设置

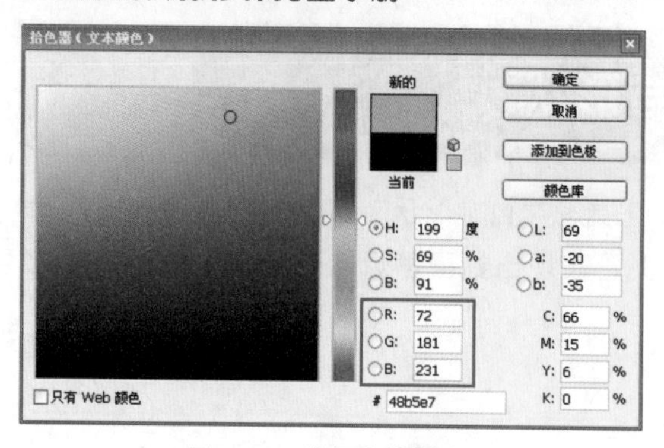

图3-31　选择字体颜色

4. 设置完成后输入文字“你若安好　便是晴天”（图3-32）。

5. 选取“工具箱”中的“自定形状工具”，在工具属性栏中设置“形状——填充”为蓝色，蓝色RGB参数值分别为R：72、G：181、B：231，“无颜色描边”的形状为（图3-33）。

图3-32　输入文字

图3-33　自定形状工具属性栏

图3-34　绘制心形图案

6. 设置完成后，在图像上拖动鼠标，绘制出心形图案，按Enter键完成（图3-34）。

7. 在右侧控制面板中设置形状图层的不透明度为40%（图3-35）。

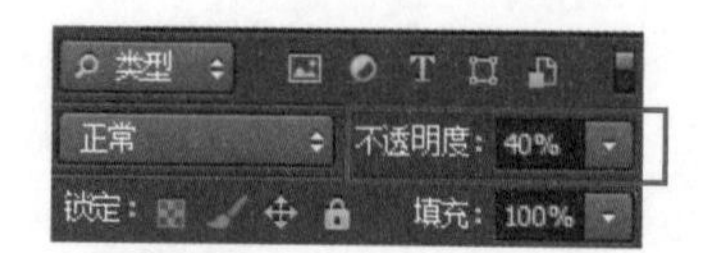

图3-35　设置心形图案的不透明度

8. 按“Ctrl+T键”对心形图案进行“自由变换”，调整心形图案大小与倾斜角度（图3–36）。

9. 按“Ctrl+J键”复制形状图层，继续按“Ctrl+T键”进行自由变换，调整大小，选取“工具箱”中的“移动”工具，移动形状的位置至合适，完成增加文字与形状修饰（图3–37）。

图3–36 调整心形图案大小与倾斜角度

图3–37 增加文字与形状修饰完毕

3.6 数码照片批量处理

难度等级 ★★★☆☆

使用PhotoshopCS修饰数码照片，可以批量操作，即对多张照片执行同一套修饰命令，适用于在同一环境下拍摄的多张照片，能提高修饰效率。批量处理主要使用动作命令，其中可以包含各种修饰工具的使用，如色阶工具、自然饱和度工具、USM锐化、保存命令等。

1. 在菜单栏单击“文件——打开”命令或按快捷键Ctrl+O，弹出“打开”对话框，选择光盘中的“素材\第3章\3.6数码照片批量处理”文件夹，按下Ctrl键同时选择文件夹中的5张照片，选择完成后单击“打开”按钮（图3–38）。

图3–38 打开多张照片

2. 此时5张照片都已在PhotoshopCS中打开，选择其中1张进行操作（图3-39）。

3. 在菜单栏单击“窗口——动作”，调出“动作”控制面板。我们可以看到“动作”面板中有很多默认动作（图3-40）。

图3-39　选择其中一张操作

图3-40　调出“动作”控制面板

4. 单击“动作”控制面板中的“创建新动作”按钮，在弹出的“新建动作”对话框中设置“名称”为“我的动作”或根据需要来命名、“功能键”为F2、“颜色”为红色（图3-41）。

5. 设置完成后单击“记录”按钮，此时“动作”控制面板出现了刚设置的新动作，“动作”控制面板下方的“记录”按钮凹陷下去并呈现红色状态，表示可以录制动作了（图3-42）。

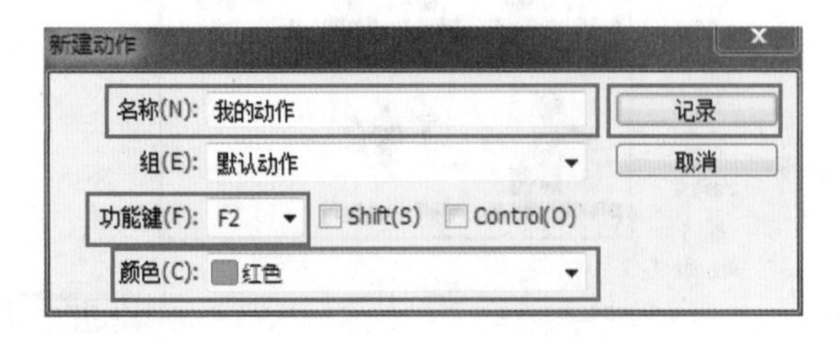

图3-41　新建动作

图3-42　记录动作

6. 完成后，我们开始录制动作。在菜单栏单击“图像——调整——色阶”命令，在弹出的“色阶”对话框中单击“自动”按钮，调整明暗对比度，完成后单击“确定”按钮（图3-43）。

7. 在菜单栏单击“图像/调整/自然饱和度”命令，在弹出的“自然饱和度”对话框中设置“自然饱和度”为+12、“饱和度”为+7，完成后单击“确定”按钮（图3-44）。

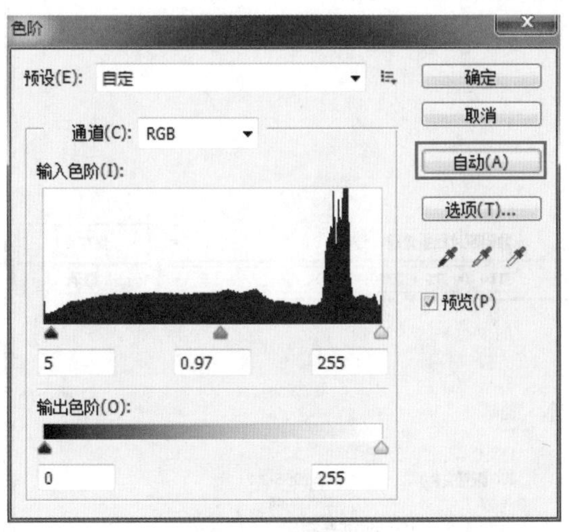

图3-43 调整色阶

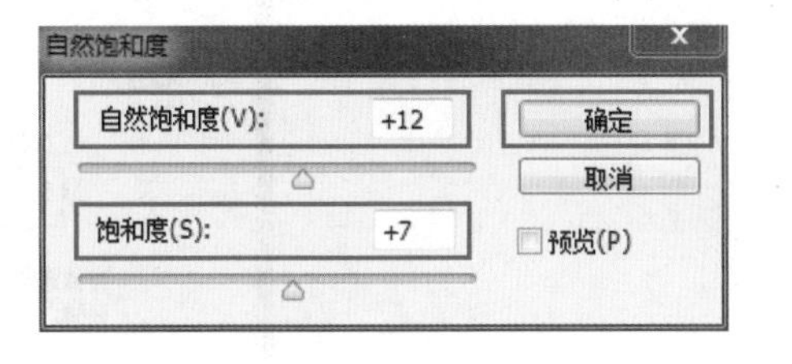

图3-44 调整自然饱和度

8. 在菜单栏单击“滤镜——锐化——USM锐化”，在弹出的“USM锐化”对话框中设置“数量”为19、“半径”为1.5、“阈值”为2（图3-45）。

9. 设置完成后单击“确定”按钮，第1张照片修饰完毕（图3-46）。

图3-45 USM锐化

图3-46 调整完毕效果

10. 在菜单栏单击“文件——储存”命令，在弹出的“储存为”对话框中选择“数码照片批量处理”文件夹，“格式”改为JPG（图3-47）。

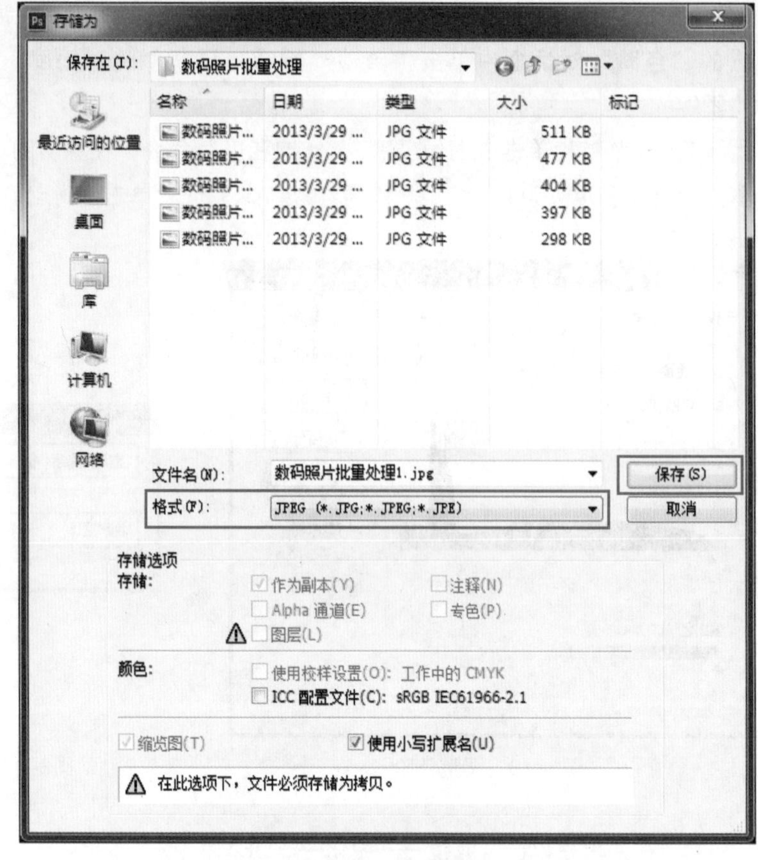

图3-47 保存照片

11. 设置完成后单击“保存”命令，在弹出的对话框中单击“确定”按钮（图3-48）。

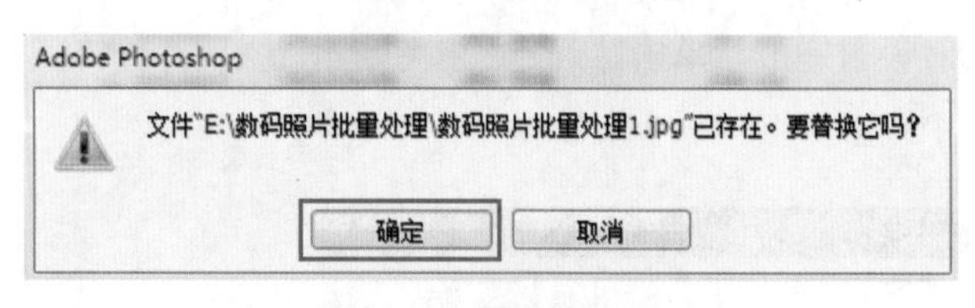

图3-48 覆盖原文件

12. 至此，“动作”控制面板已经记录下刚才所有操作，单击“动作”控制面板的“菜单”按钮 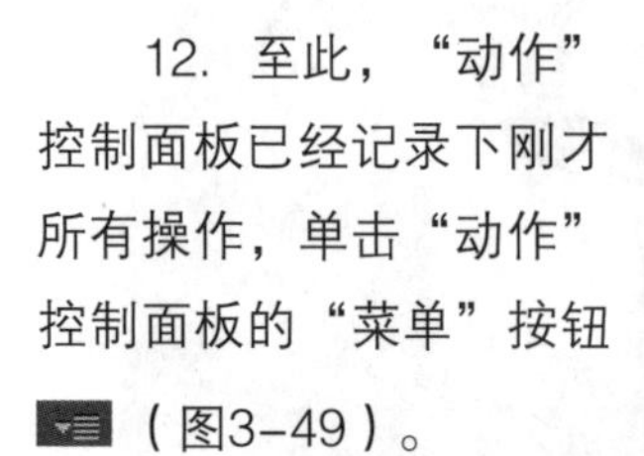（图3-49）。

13. 在弹出的菜单中点击“停止记录”命令，此时动作记录完成（图3-50）。

图3-49 动作记录完毕

图3-50 停止动作记录

14. 切换到其他照片，由于之前已经将此动作的快捷键设置为F2键，所以现在只需按“F2”键就可完成对其他4张照片的修饰（图3-51、图3-52、图3-53、图3-54）。

图3-51 批量处理完毕（一）

图3-52 批量处理完毕（二）

图3-53 批量处理完毕（三）

图3-54 批量处理完毕（四）

特别提示

数码照片批量处理适用于各种修饰操作，只要将每一步动作记录下来即可，但是每张照片需要处理的地方都不同，因此批量处理一般只适合调整明暗对比对、色相饱和度、锐化等常规修饰，可以先对照片进行批量处理后再进行个别修饰。批量处理适合修饰在日常生活、工作中拍摄的大批照片，对于特意拍摄的人像写真则没有必要。

第4章 数码照片输出

经过修饰的数码人像照片只有经过输出，才能获得更广泛的传播、观赏、收藏价值。数码照片的输出是指从数码相机或计算机中移至其他媒介上，如保存、打印、冲印等，尤其是具有价值的照片可以通过打印或冲印变成实物照片，更具收藏、观赏价值。

4.1 数码照片尺寸

难度等级 ★☆☆☆☆

现在数码相机都能在拍摄前设定照片尺寸，拍摄后还可以在相机中作进一步裁剪，但是在生活、工作中拍摄的大多数人像照片是没有经过特殊设定的，往往固定某种尺寸、规格后就一成不变了，这给后期打印、冲印带来不便，于是需要我们深入了解数码照片的尺寸。

国际上通常用“英寸”来表示照片规格，但与显示器表示尺寸的方式不同，照片所说的“几寸”是指照片长的一边的英寸长度。例如“6寸”照片，就是指规格为6in×4in的照片。“1寸”（英寸）=2.54cm，我们可以算出常见的“5寸”就是照片长5in×2.54cm/in=12.70cm，12in就是12in×2.54cm/in=30.48cm。国际上还有一种通行的表示照片尺寸的方法，即取照片短的一边英寸整数数值加字母R来表示，如“6寸”照片，规格为6in×4in，即4R。

数码相机拍摄照片的比例一般为4∶3或16∶9（图4-1、图4-2），这与计算机显示器的长宽比例一致，而冲印照片的比例一般为3∶2左右，这与传统胶卷负片的长宽比例一致。所以，要将数码相机的照片冲印出来，一般应将照片的比例裁剪成3∶2左右，这样冲印出来的照片才正好充满整张相纸。如果不希望剪裁照片，或是拍摄的内容太满，或是构图很完美，

图4-1　4∶3人像照片

图4-2　16∶9人像照片

没有剪裁的余地，就只能在冲印照片的左右或上下留白边了（图4-3、图4-4）。

图4-3 4：3人像照片左右白边

图4-4 16：9人像照片上下白边

4.2 数码照片保存

难度等级 ★☆☆☆☆

现在数码相机已非常普及，由于数码相机具有快速回放照片的功能，并具有直接将照片导入计算机无需考虑拍摄成本的优势，所以如何对数码照片进行安全保存非常重要。常见的储存方式有计算机硬盘保存、移动硬盘保存、数码伴侣保存、光盘刻录保存、用大容量SD卡与其他种类卡保存、用录像机录在磁带上保存等。对于重要照片的保存，推荐以下3种方式。

4.2.1 计算机硬盘保存

在计算机硬盘中保存照片，一定要分好文件夹，一般可以按时间与地点来给文件夹命名（图4-5）。照片文件夹应放在系统分区以外的其他分区，保证系统崩溃后重装系统不会丢

图4-5 计算机硬盘存储照片

失，也可以将照片保存在优质移动硬盘中，机械式移动硬盘应至少间隔3～6月通电使用1次，避免坏损。

4.2.2 刻录成光盘保存

当照片数量积累到一定程度或一定时期，可以将同一类照片采用DVD刻录机一式两份刻录在不同品牌的优质DVD光盘中保存（图4–6）。

4.2.3 保存在网络上

目前，许多网站或电子邮箱都提供网络硬盘空间，有的收费，免费的也很多，也可以申请博客或QQ号，将照片保存到博客网站或QQ邮箱的网络硬盘空间中。但是有些网站或电子邮箱有存放时间与最大容量的限定，这种方法适用于短期保存（图4–7）。例如，在外地旅游拍摄的照片可以就地上网，回家后再下载到计算机硬盘中。

图4–6　DVD刻录机

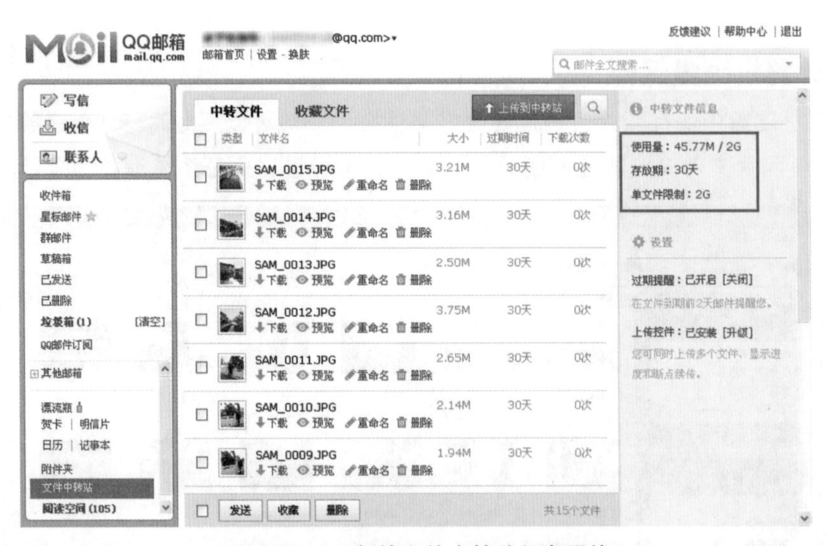

图4–7　QQ邮箱文件中转站保存照片

特别提示

目前数码相机多采用SD卡或TF卡作为存储媒介，可以多购置1～2张大容量SD卡或TF卡作为照片的存储工具，由于这类存储工具为非机械设备，体积小，携带方便，可以长期存储重要照片。选用SD卡或TF卡作为存储工具还需另外构造专用防潮卡盒与读卡器，要做到专卡专用，并标上详细文件名。存储卡中不能混合存储其他文件、数据，避免删除时丢失。

4.3 数码照片传送

难度等级 ★☆☆☆☆

数码照片修饰完毕后，除了保存还要推广，让更多人分享生活中的美好瞬间，数码照片的传送主要有以下3种方式。

4.3.1 局域网

现在很多住宅小区、机关单位都构建了局域网，使得家庭、部门之间能实现资源共享，这种传输方式适合传送无密的照片。局域网上的任何终端计算机、手机都可以将照片传输至服务器供其他计算机、手机下载。将照片传输至服务器，终端计算机、手机即可关机，不影响其他终端浏览、下载照片（图4-8）。如果局域网的服务器关闭或检修，则各种终端设备不能浏览、下载照片。

4.3.2 计算机对接

将两台计算机通过各自的网卡接口用交叉网线连接起来，或用无线路由器连接起来（图4-9），这样使两台计算机形成一个小局域网。对接之后，用一台计算机就可以对另一台计算机中的文件进行拖移、删除、复制等操作。当然，前提是这两台计算机都要保持开机状态。

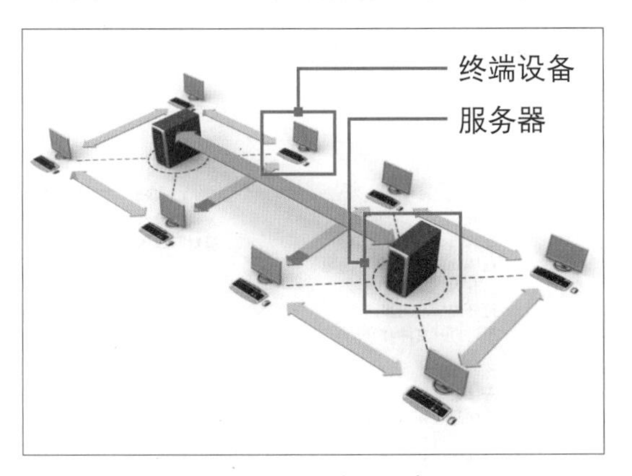

图4-8 局域网示意

图4-9 无线路由器

4.3.3 互联网

使用电子邮件，将照片上传到网络邮件服务器上，再将文件下载下来。这种方式适用于异地远程传输，上传照片的数量受邮箱空间的限制，过多占用带宽，有延迟现象。另一种方式是将照片上传到网络相册或QQ空间，这种方式适合喜爱在互联网上与他人分享照片的摄影爱好者（图4-10）。注意，照片上传到网络相册或QQ空间后，服务器程序会将照片像素、尺寸改小，以满足快速浏览需要，应该在本地终端设备上保存原始文件。

图4-10　QQ空间相册

4.4　数码照片打印与冲印

难度等级 ★☆☆☆☆

只有将数码照片输出成实物才有长期保存、观赏的意义，目前主要可以通过打印与冲印两种方式输出。

4.4.1　数码照片打印

打印是将图像发送到输出设备的过程，照片经过裁剪、修饰后，需要进行打印输出。PhotoshopCS可以将图像发送到多种设备，可直接在胶片或纸张上打印，也可打印到印版、数字打印机。直接通过PhotoshopCS打印图像文件，就可以将图像发送至打印机。

进行照片打印时，选择“文件——打印”菜单命令（图4-11），弹出“打印设置”对话框，选择计算机已经安装的打印机，点击“打印设置”按钮可以对打印机进行全面设置，由于不同品牌、型号的打印设置方式均不同，这里就不再进一步介绍，可

新建(N)...	Ctrl+N
打开(O)...	Ctrl+O
在 Bridge 中浏览(B)...	Alt+Ctrl+O
在 Mini Bridge 中浏览(G)...	
打开为...	Alt+Shift+Ctrl+O
打开为智能对象...	
最近打开文件(T)	▸
关闭(C)	Ctrl+W
关闭全部	Alt+Ctrl+W
关闭并转到 Bridge...	Shift+Ctrl+W
存储(S)	Ctrl+S
存储为(A)...	Shift+Ctrl+S
签入(I)...	
存储为 Web 所用格式...	Alt+Shift+Ctrl+S
恢复(V)	F12
置入(L)...	
导入(M)	▸
导出(E)	▸
自动(U)	▸
脚本(R)	▸
文件简介(F)...	Alt+Shift+Ctrl+I
打印(P)...	Ctrl+P
打印一份(Y)	Alt+Shift+Ctrl+P
退出(X)	Ctrl+Q

图4-11　选择打印命令

以参考打印机的使用说明书来操作。

在对话框中，将鼠标指针停放在相应选项上时，对话框下方的说明框中显示相应的文字说明，方便查看并进行参数设置。参数设置完成后，单击“打印”按钮，即可开始打印照片（图4-12）。

图4-12 打印设置对话框

4.4.2 数码照片冲印

在数码冲印店里冲印照片，其质量能够得到保证，冲印出来的效果与传统胶片的冲印效果不相上下。将处理好的照片保存成JPG格式或TIFF格式，保存到U盘或其他储存设备中交给冲印店，后续工作由他们完成（图4-13、图4-14）。目前，数码冲印分为激光冲印、光纤冲印、液晶冲印3种，除此之外还有小规模使用CRT冲印与热升华冲印等方式辅助。

图4-13 数码照片冲印店

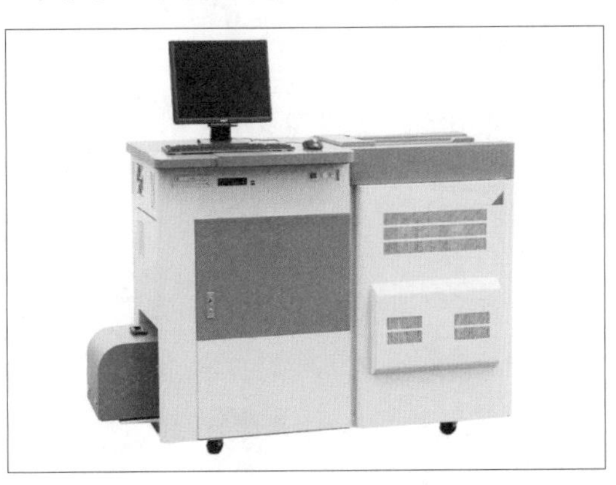

图4-14 激光冲印机

特别提示

喷墨打印机是目前最常用的家庭、办公照片打印设备，按工作原理可分为固体喷墨与液体喷墨两种（图4-15），打印最大幅面一般为A3，常见以A4居多。喷墨打印机在打印照片时，当打印机喷头快速扫过打印纸时，它上面的无数喷嘴就会喷出无数的小墨滴，从而组成照片图像中的像素。打印机头上，一般都有48个或48个以上的独立喷嘴喷出各种不同颜色的墨水，能喷出4~6种不同的颜色，喷嘴越多，配置颜料品种越多，则打印速度越快。不同颜色的墨滴落于同一点上，形成不同的复色，如黄色与蓝色墨水同时喷射到的部位呈现绿色。喷墨打印机墨水用尽时需要更换颜料墨盒（图4-16），还需购买打印专用相纸，整体价格较高，可以对照片经过修饰、筛选后少量打印。

图4-15　喷墨打印机

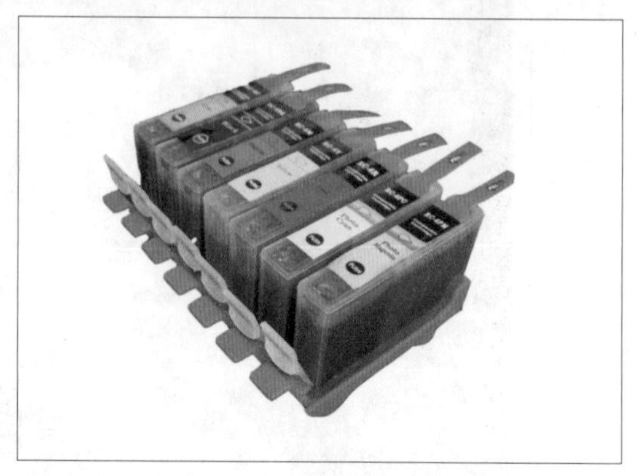

图4-16　喷墨打印机墨盒

激光冲印是利用激光束在相纸上打出图像。这种冲印技术的优点是照片清晰度很高，而且色彩鲜艳。与激光冲印技术及各项指标等级相近的就是光纤冲印技术，它的优点是最大可冲印幅面比激光冲印要大，能达到18英寸。而照片的色彩还原比较真实，图像质量也不错。液晶冲印效果就不如以上两类了，这种冲印方式的成本相对低很多，可以采用普通相纸。

目前，很多网站开通了网上冲印服务，消费者利用互联网将数码照片传输给网上冲印服务商，服务商冲印完成后，通过快递公司送货上门，不但可以将数码照片冲印在传统相纸上，还可以将照片冲印在T恤、杯子等物品上，消费者足不出户就可以完成全部冲印过程。

PhotoshopCS

数码人像修饰完全手册

第5章 人像照片面部美容

人像照片面部美容是PhotoshopCS修饰的重点，简单地提升明暗对比度与色相饱和度等参数不能达到丰富、细腻的效果。本章列举几个具有代表性的面部美容方法，适用于日常拍摄的各种人像照片，这些方法可以交替使用，但是对同一操作命令不宜作反复操作。

5.1 提升人像气色

难度等级 ★★★☆☆

提升人像气色修饰适用于拍摄光线不佳的人像照片，受数码相机感光度与拍摄环境的影响，人像中大面积皮肤会出现灰白、黯淡的色彩，给人气色不良的效果。提升人像气色主要使用“色相／饱和度”命令、“吸管”工具、“画笔”工具、图层蒙版（图5-1、图5-2）。

图5-1 修饰前的照片

图5-2 修饰后的照片

1. 在菜单栏单击“文件——打开”命令或按快捷键Ctrl+O打开素材光盘中的“素材\第5章\5.1提升人像气色”照片。

特别提示

现代数码相机的色彩还原度比较高，在PhotoshopCS中修饰人像照片面部时，不宜将各种参数调节过高，避免出现面部与身体其他部位皮肤不协调。对于女性人像面部处理，主要目的在于提升美白、光亮效果。对于男性人像面部处理，主要目的在于锐化边缘，去除粉刺。对于儿童人像面部处理，稍许提升色彩饱和度即可。

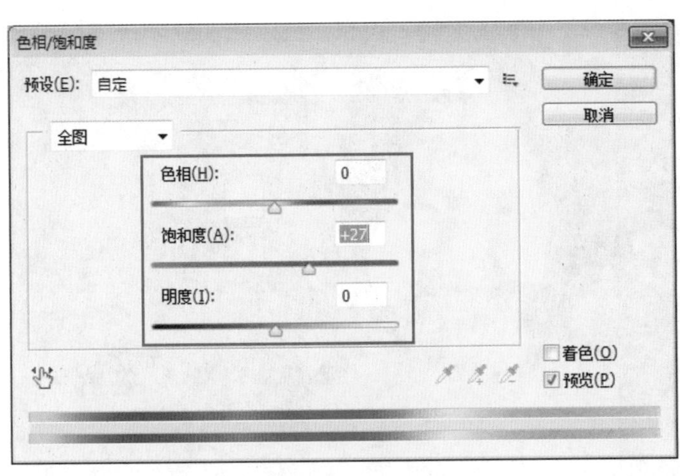

图5-3 调整饱和度

2. 在菜单栏单击“图像——调整——色相/饱和度”命令或按快捷键Ctrl+U打开“色相/饱和度”对话框，在对话框中设置为“全图”，“色相”为0、“饱和度”为+27、“明度”为0（图5-3）。

3. 继续在对话框中设置为“红色”，“色相”为0、“饱和度”为+12，“明度”为0（图5-4），点击“确定”按钮，人物的面部更加红润了（图5-5）。

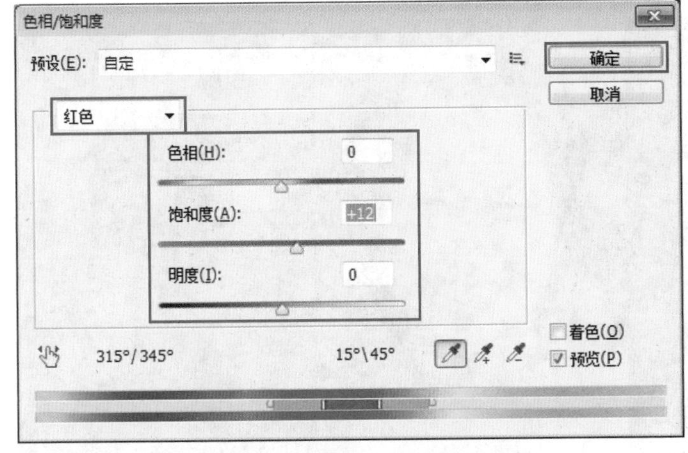

图5-4 调整红色饱和度

图5-5 调整饱和度后的效果

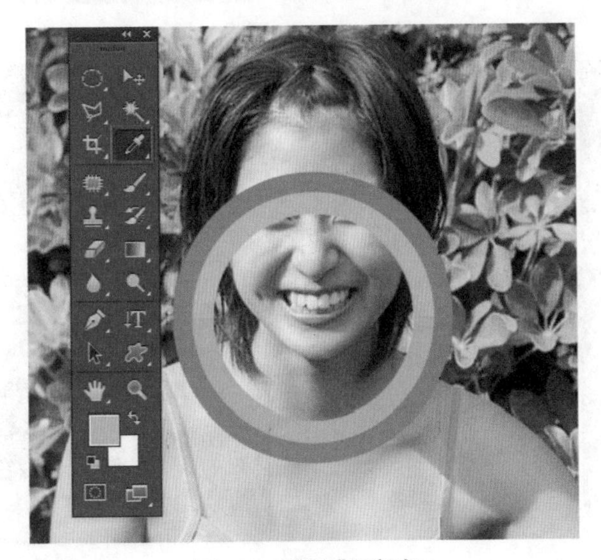

图5-6 吸取嘴唇颜色

4. 为照片中的人物添加腮红，使用“吸管”工具，在人物嘴唇处单击，选取到的颜色会自动变为“前景色”。如果“工具箱”中的色彩无法清晰比较，可以在图中绘制几何形，填充该颜色后仔细比较（图5-6）。

5. 新建图层1，使用“椭圆选框”工具，在人物的右脸上创建椭圆形选区，按快捷键Alt+Delete，在选区内填充前景色（图5-7）。

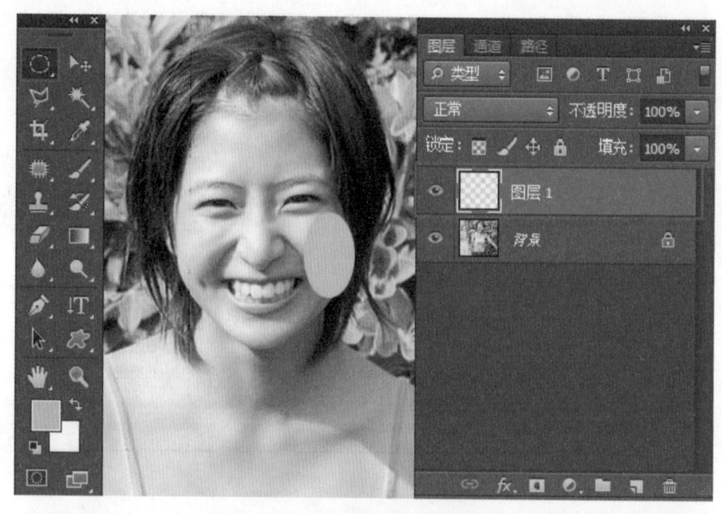

图5-7　绘制两部选区

6. 单击“添加图层蒙版”按钮，设置“不透明度”为23%，选取“工具箱”中“画笔”工具，在人物右脸上进行涂抹（图5-8）。

图5-8　添加蒙版

7. 再使用同样的方法为人物的左脸添加腮红（图5-9）。

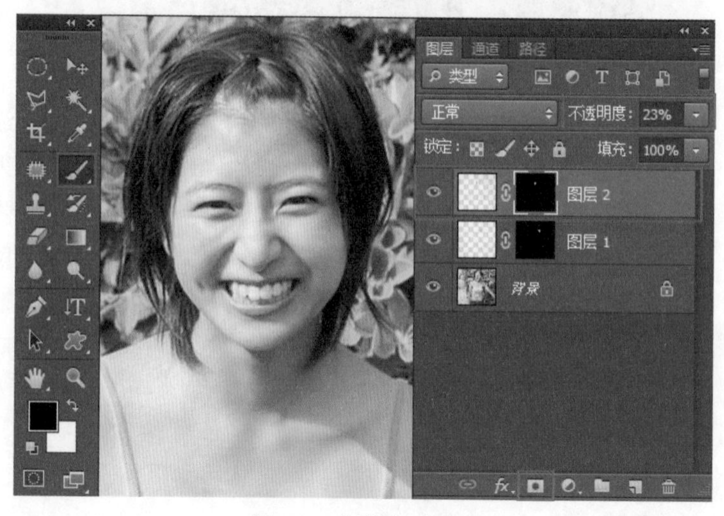

图5-9　制作左脸腮红

图5-10　提升人像气色修饰完毕

8. 这时人物皮肤显得比较饱和，富有活力，提升人像气色修饰完毕（图5-10）。

5.2　增强美白效果

难度等级 ★★★★☆

增强美白效果修饰适用于衣着较多的人像，裸露皮肤主要集中在脸部与手部，修饰时要注意同时提升这两处的美白效果，提升美白效果修饰主要使用“去色”命令、“叠加混合”模式、图层蒙版、“色调分离”面板（图5-11、图5-12）。

图5-11　修饰前的照片

图5-12　修饰后的照片

1. 在菜单栏单击“文件——打开”命令或按快捷键Ctrl+O打开素材光盘中的“素材\第5章\5.2增强美白效果”照片。

2. 在“背景”图层上右击选择“复制图层”命令，弹出“复制图层”对话框，单击“确定”按钮，得到“背景副本”图层（图5-13、图5-14）。

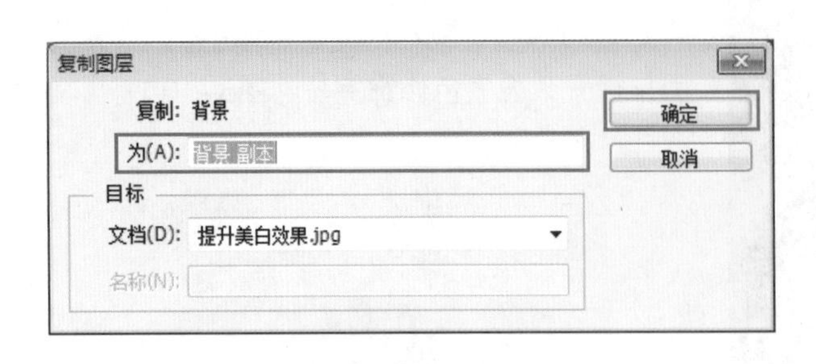

图5-13 复制图层

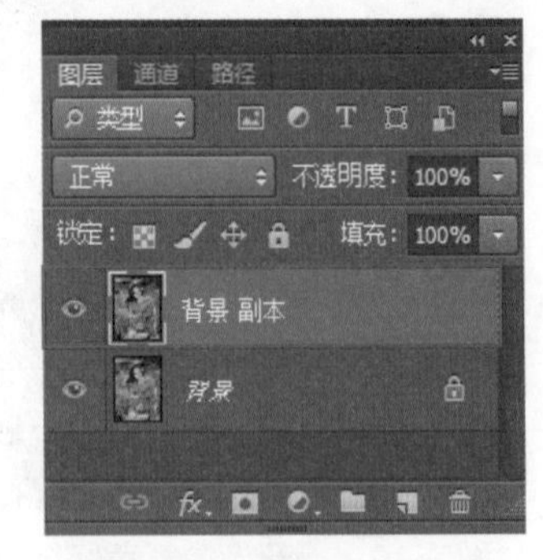

图5-14 得到背景副本

3. 在菜单栏单击“图像——调整——去色”命令或按快捷键Shift+Ctrl+U，得到除掉颜色的“背景副本”图层（图5-15）。

4. 设置“背景副本”图层的“混合模式”为叠加，设置“不透明度”为48%，单击“添加图层蒙版”按钮，为“背景副本”图层添加图层蒙版，选取“工具箱”中的“画笔”工具，使用画笔工具对人物以外的区域涂抹黑色，对蒙版进行编辑（图5-16）。

图5-15 背景副本去色

图5-16 添加图层蒙版

图5-17 色调分离

图5-18　色调分离完成

5. 在“图层”控制面板中单击“创建新的填充或调整图层”按钮，在弹出的菜单中选择“色调分离”命令，在弹出的“色调分离”面板中设置“色阶”为8（图5-17）。

6. 设置完成后关闭“色调分离”调板（图5-18）。

图5-19　修改色调分离图层模式

7. 设置“色调分离1”图层“混合模式”为“柔光”，“不透明度”为43%（图5-19）。

8. 这时人物皮肤质感具有明显提升，增强美白效果修饰完毕（图5-20）。

图5-20　增强美白效果修饰完毕

5.3 快速消痘方法

难度等级
★☆☆☆☆

快速消痘方法适用于皮肤有青春痘、色斑、深色痣的人像，使用PhotoshopCS在照片上消除这些非常简单，只需使用“污点修复画笔”工具即可，只不过要注意控制画笔的大小，应当略大于消除对象即可（图5-21、图5-22）。

图5-21　修饰前的照片

图5-22　修饰后的照片

1. 在菜单栏单击“文件——打开”命令或按快捷键Ctrl+O打开素材光盘中的“素材\第5章\5.3快速消痘方法”照片，照片人物脸上有很明显的痘痘。

2. 选取“工具箱”中的“污点修复画笔”工具，设置画笔“大小”为19像素、“硬度”为60%、“间距”为25%、“角度”为0°、“圆度”为100%，设置“模式”为正常、选择“内容识别”选项（图5-23）。

3. 设置完成后，使用“污点修复画笔”工具，在痘痘上单击（图5-24、图5-25）。

4. 用同样的方法去掉人物脸上其他痘痘，能达到光洁、唯美的效果，快速消痘修饰完毕（图5-26）。

特别提示

污点修复是PhotoshopCS中的万能修饰方法，不仅可以修饰人像皮肤上的瑕疵，还可以修改服装、背景等各部位图像，适用面很广。

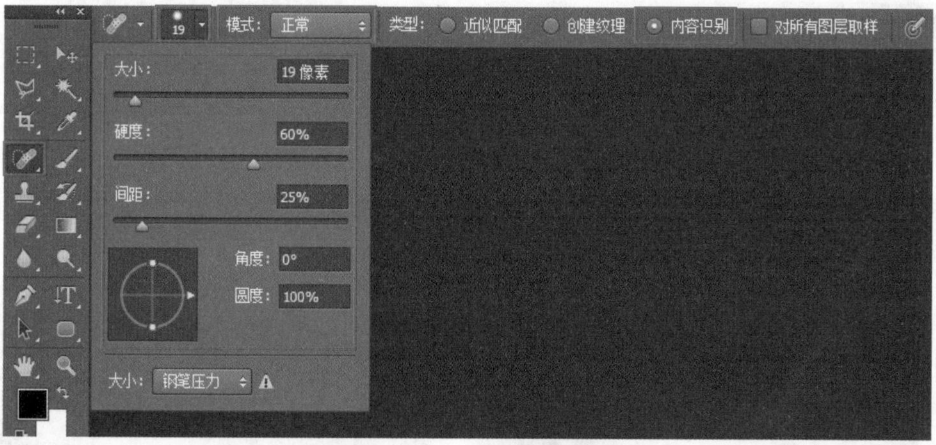

图5-23 设置污点修复画笔属性

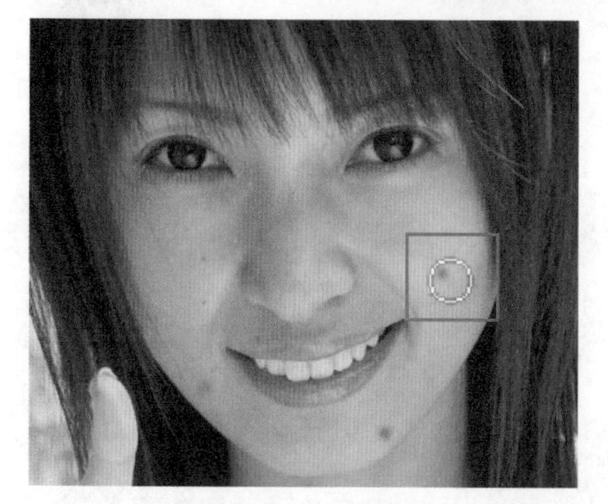

图5-24 点击修复

图5-25 修复效果

图5-26 快速消痘修饰完毕

5.4 皱纹磨平处理

难度等级 ★★☆☆☆

皱纹磨平处理适用于皱纹较多的中老年人像照片，对皱纹进行适度磨平，需要使用“高斯模糊”滤镜、图层蒙版、“画笔”工具。注意对于年纪较大的人，不宜过度磨平，否则会显得很不协调（图5-27、图5-28）。

图5-27　修饰前的照片

图5-28　修饰后的照片

1. 在菜单栏单击“文件——打开”命令或按快捷键Ctrl+O打开素材光盘中的“素材\第5章\5.4皱纹磨平处理”照片。

2. 按快捷键Ctrl+J，复制“背景”图层，得到图层1，将“图层1”的“不透明度”设置为80%（图5-29）。

3. 在菜单栏单击“滤镜——模糊——高斯模糊”命令，在“高斯模糊”对话框中设置“半径”为2.3（图5-30）。

图5-29　复制背景图层

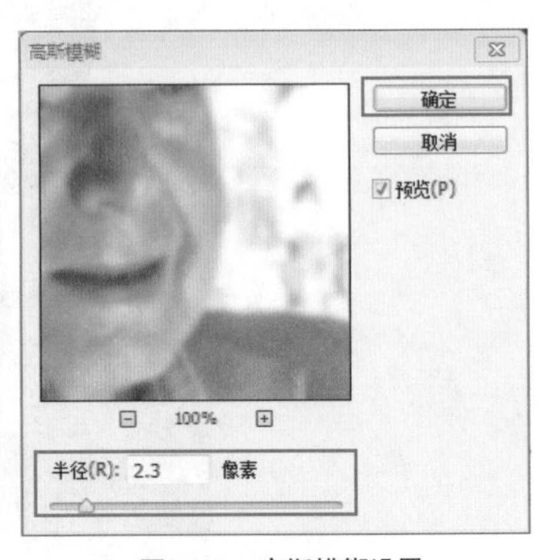

图5-30　高斯模糊设置

4. 设置完成后点击“确定”按钮，得到模糊效果（图5-31）。

5. 单击“图层”控制面板中的“添加图层蒙版”按钮，为“图层1”添加蒙版，选取“工具箱”中的“画笔”工具，使用画笔工具对周围环境、人物衣服、头发、嘴唇、眼睛、眉毛等处涂抹黑色（图5-32）。

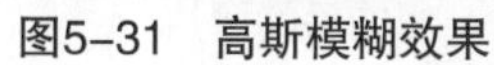

图5-31 高斯模糊效果

图5-32 添加图层蒙版

6. 涂抹完成后，人物面部皱纹减弱了很多，皱纹磨平处理修饰完毕（图5-33）。

图5-33 皱纹磨平修饰完毕

5.5 头发变色技法

难度等级 ★★★☆☆

头发变色技法适用于追求年轻时尚的女青年或有白发的中老年人，头发在照片中占据的面积应比较大，改变颜色才会有较明显的效果（图5-34、图5-35）。头发变色修饰主要使用“可选颜色”调板、“颜色混合”模式、“画笔”工具、编辑蒙版。

图5-34 修饰前的照片

图5-35 修饰后的照片

1. 在菜单栏单击“文件——打开”命令或按快捷键Ctrl+O打开素材光盘中的“素材\第5章\5.5头发变色技法”照片。

2. 在“图层”控制面板中单击“创建新的填充或调整图层”按钮，在弹出的菜单中选择“可选颜色”命令（图5-36）。

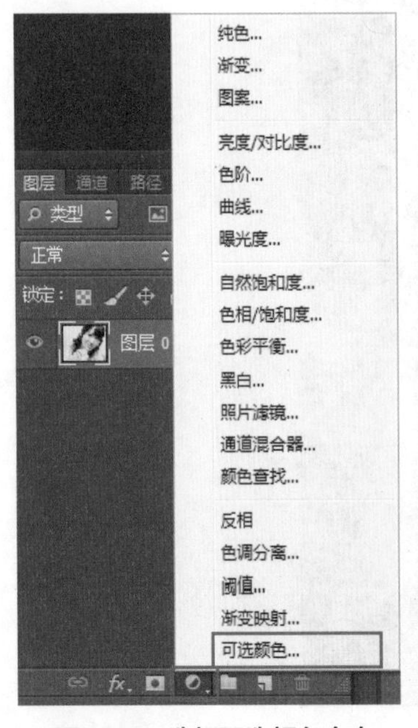

图5-36 选择可选颜色命令

图5-37 设置可选颜色参数

3. 单击“可选颜色”命令后，弹出“可选颜色”控制面板，设置“颜色”为“黑色”，选择“相对”选项，设置“青色”-27、“洋红”+2、“黄色”+31、“黑色”+17（图5-37）。

图5-38 可选颜色设置后的效果

4. 设置完成后，照片中的黑色部分明显变色（图5-38）。

图5-39 使用蒙版涂抹黑色

5. 选择“选取颜色”图层中的蒙版，使用“工具箱”中的“画笔”工具，在图像中对头发以外的区域涂抹黑色，这时涂抹区域呈透明状态，务必仔细。涂抹后，除头发外的其他部分的色彩都会还原，如眼睛瞳孔颜色变回黑色（图5-39）。

6. 完成编辑蒙版后，在“图层”控制面板中设置“混合模式”为“颜色”，“不透明度”为65%（图5-40）。

7. 设置完成后，头发颜色即发生变化，而其他部位没有改变色彩，头发变色修饰完毕（图5-41）。

图5-40 修改图层蒙版属性

图5-41 头发变色修饰完毕

第6章 人像照片五官修饰

人像照片五官修饰是PhotoshopCS运用的精华之处，每个人的五官相同，审美标准也不同，可以通过PhotoshopCS的后期处理来提升五官的完美度。本章操作细节较多，列举一系列具有代表性的五官修饰方法，适用于各种类型五官修饰。

6.1 消除人像眼袋

难度等级 ★★☆☆☆

消除人像眼袋是最常见的处理手法，适用于眼袋明显的人像照片，消除眼袋后会显得比较年轻，且神采焕发，很受中老年人欢迎。消除人像眼袋的操作虽然简单，但是要细心、谨慎，主要使用“修复画笔”工具（图6-1、图6-2）。

图6-1 修饰前的照片

图6-2 修饰后的照片

1. 在菜单栏单击“文件——打开”命令或按快捷键Ctrl+O打开素材光盘中的“素材\第6章\6.1消除人像眼袋”照片。

2. 我们可以发现照片人物脸上有明显的眼袋和细纹，选取“工具箱”中的“修复画笔”工具，在眼袋周围肤色比较接近的位置上，按住Ait键，并单击鼠标进行取样（图6-3）。

特别提示

修复画笔工具的使用频率较高，使用前应在工具属性栏设置各种参数，参数大小要以图片为依据，没有固定模式，如果把握不定，应该将“硬度”调小，根据需要逐步增加。如果修复区域色差明显，修复后就会出现生硬的斑块，这时就需要模糊工具来配合，用它在斑块的边缘按情况涂抹，直至斑块变得柔和协调。

3. 取样完成后，在工具属性栏设置“画笔”的“大小”为24像素，“硬度”为35%，“间距”为25%，“角度”为“0°”，“圆度”为100%，“模式”设置为“变亮”，选择“取样”单选框（图6–4）。

4. 设置完成后，用鼠标在眼袋与细纹的位置上进行涂抹，可以逐步将眼袋与细纹去除（图6–5）。

5. 左侧眼袋的细纹修饰完成后，可以采用同样的方法对右侧眼睛周围部位进行修饰（图6–6）。

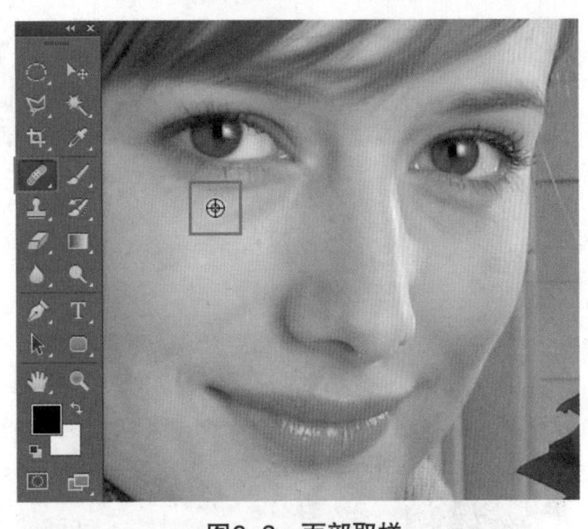

图6–3　面部取样

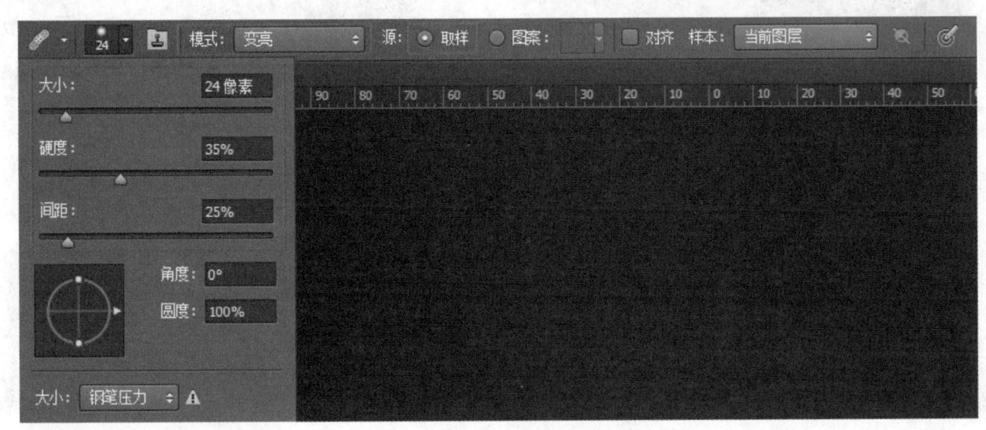

图6–4　设置属性栏参数

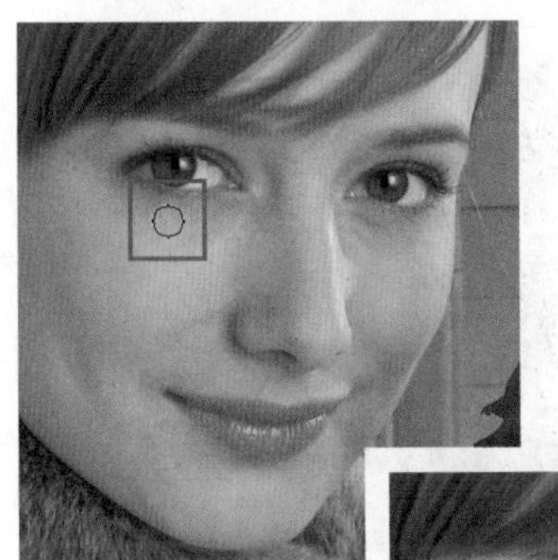

图6–5　左侧涂抹

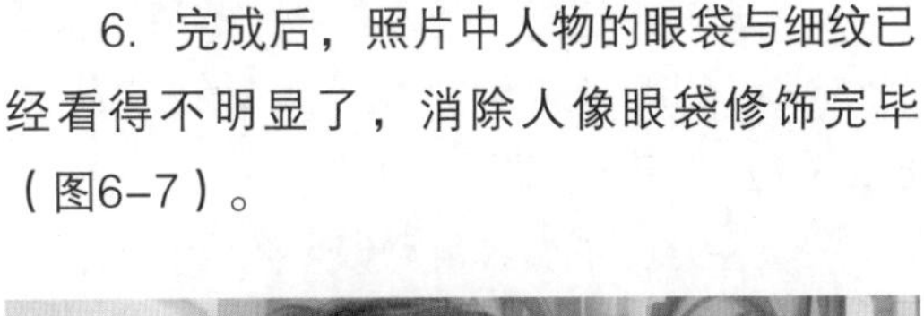

6. 完成后，照片中人物的眼袋与细纹已经看得不明显了，消除人像眼袋修饰完毕（图6–7）。

图6–6　右侧涂抹

图6–7　消除人像眼袋修饰完毕

6.2 去除闪光红眼

难度等级 ★★☆☆☆

日常拍摄人像照片时，可能会用到闪光灯，闪光灯能照亮人像面部，也会造成人物眼球曝光过度，产生强烈的高光，这也是俗称的红眼。在修饰人像照片时，去除红眼成为必备操作，主要使用红眼工具（图6-8、图6-9）。

图6-8 修饰前的照片

图6-9 修饰后的照片

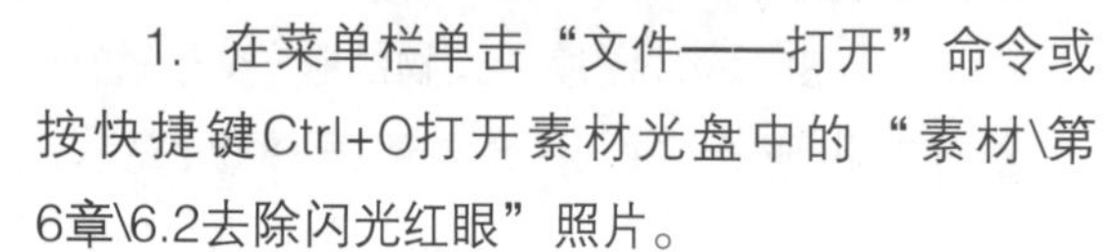

1. 在菜单栏单击“文件——打开”命令或按快捷键Ctrl+O打开素材光盘中的“素材\第6章\6.2去除闪光红眼”照片。

2. 在照片中，目前可以看到女孩眼睛的瞳孔发红，很不自然，下面对其进行修饰。选取“工具箱”中的“红眼”工具 。在工具属性栏中设置“瞳孔大小”为7%，“变暗量”为7%（图6-10）。

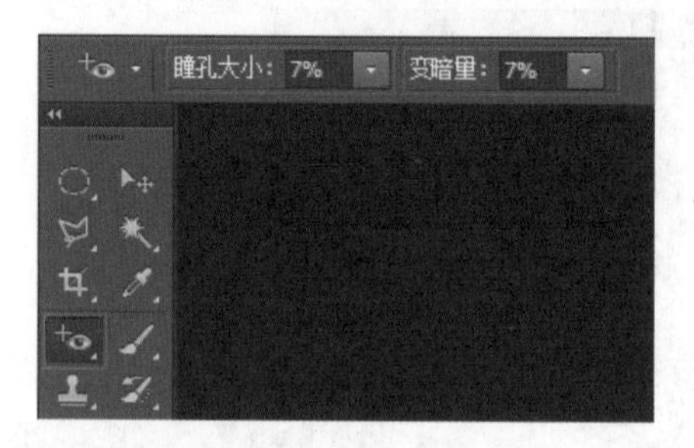

图6-10 设置属性栏参数

特别提示

许多摄影者在利用闪光灯拍摄人像时都见到红眼现象。红眼现象原因主要来自相机的内置闪光灯，因为内置闪光灯与镜头的位置很近，光照时间很短，人眼瞳孔在弱光下来不及收缩，导致视网膜毛细血管内的血液形成反光。照片的红眼非常影响人像照片美观，现在很多相机都设有消减红眼的功能。即利用相机前面的照明灯或内置闪光灯的频闪来使被摄人物的瞳孔缩小，以避免红眼现象出现。但是这种方式会降低闪光灯的强度，导致人像面部与衣着光照不足，影响照片的拍摄效果。因此，用PhotoshopCS进行修饰就显得相当有必要了。

3. 设置完成后使用“红眼”工具 在左眼瞳孔上单击（图6-11）。

4. 单击鼠标后系统会自动清除瞳孔中的红色，效果变化明显（图6-12）。

图6-11 单击左侧瞳孔

图6-12 清除红色

5. 同样在右侧眼睛瞳孔上单击鼠标，继续清除红眼，去除闪光红眼修饰完毕（图6-13）。

图6-13 去除闪光红眼修饰完毕

6.3 加密睫毛眉毛

难度等级 ★★★★☆

加密睫毛眉毛能提升人像的眼神，显得面部表情特别有光彩，适用于没有经过特殊化妆的人像照片。加密睫毛眉毛的修饰比较复杂，需要多次训练才能掌握，在修饰过程中主要使用“椭圆选框”工具、“复制选区内容”命令、编辑蒙版、“正片叠底”混合模式、“画笔”工具（图6-14、图6-15）。

图6-14 修饰前的照片　　图6-15 修饰后的照片

1. 在菜单栏单击“文件——打开”命令或按快捷键Ctrl+O打开素材光盘中的“素材\第6章\6.3加密睫毛眉毛”照片。

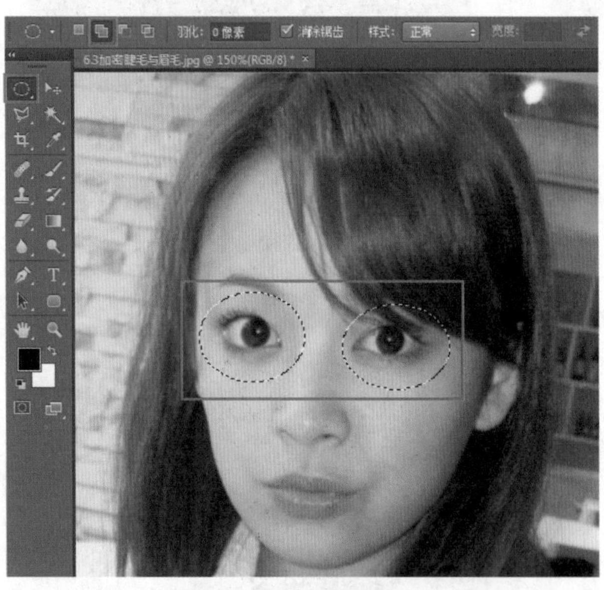

图6-16 选取椭圆区域

2. 首先为照片人物加密睫毛，选取“工具箱”中的“椭圆选框”工具，在工具属性栏点击“添加到选区”模式，在人物的眼睛上创建两个椭圆选区（图6-16）。

3. 完成后按快捷键Ctrl+J得到图层1，设置“混合模式”为正片叠底（图6-17）。

4. 在“图层”控制面板中按住Alt键并单击“添加图层蒙版”按钮，此时会在图层1中添加了1个黑色的图层蒙版（图6-18）。

图6-17 设置图层混合模式

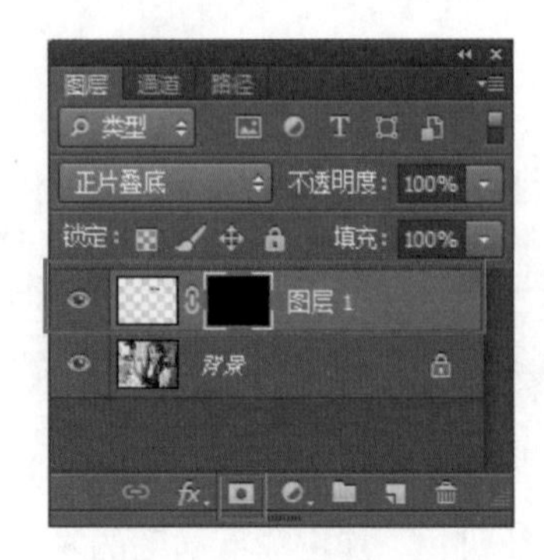

图6-18 添加图层蒙版

5. 选取“工具箱”中的“画笔”工具，按F5键打开“画笔”控制面板，在“画笔笔尖形状”中选择“尖角30”画笔，设置“大小”为1像素，“硬度”为100%，在“形状动态”中设置“控制”为“渐隐”，数量为10（图6-19、图6-20）。

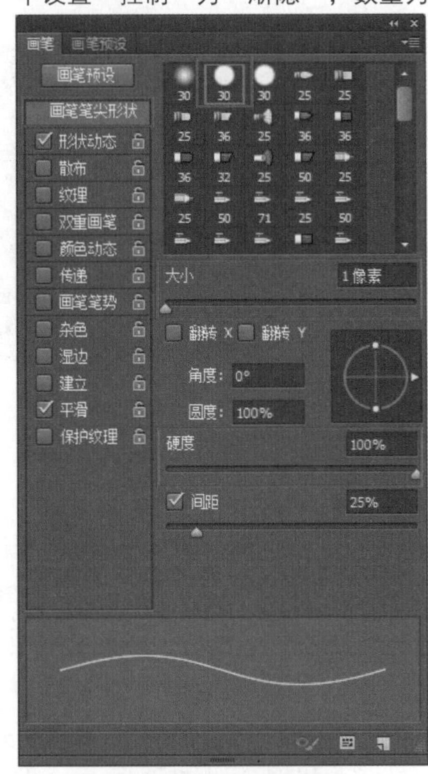

图6-19 设置画笔笔尖形状

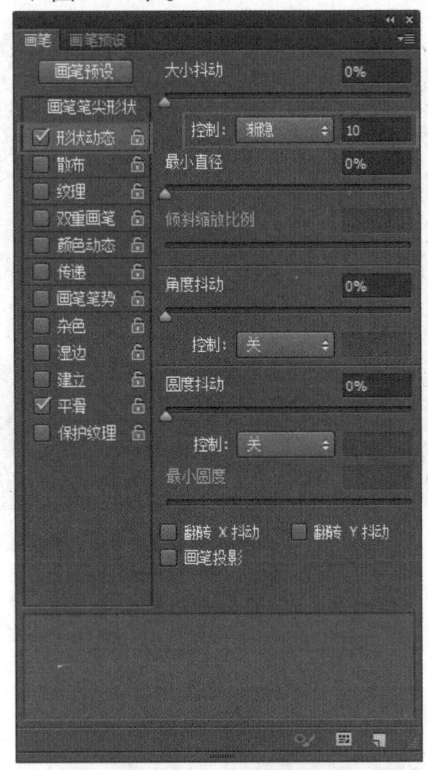

图6-20 设置形状动态

6. 设置完成后，使用“画笔”工具在眼睛周围的睫毛处进行涂抹（图6-21）。仔细涂抹后使其产生睫毛效果（图6-22）。

7. 睫毛修饰完成后，继续为照片人物加深眉毛。选择背景图层，使用“椭圆选框”工具在人物的眉毛上创建选区（图6-23）。

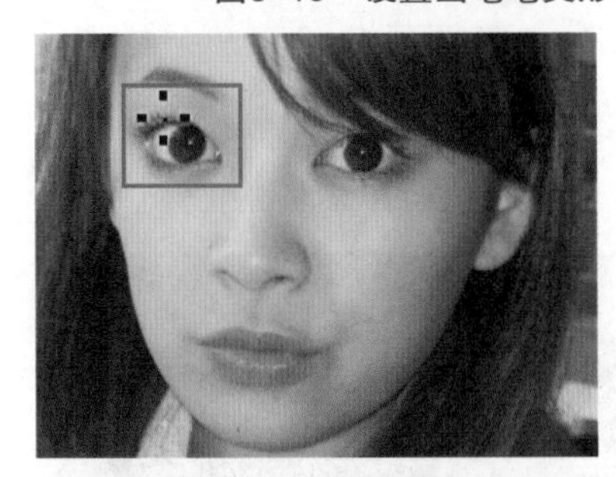

图6-21 睫毛涂抹

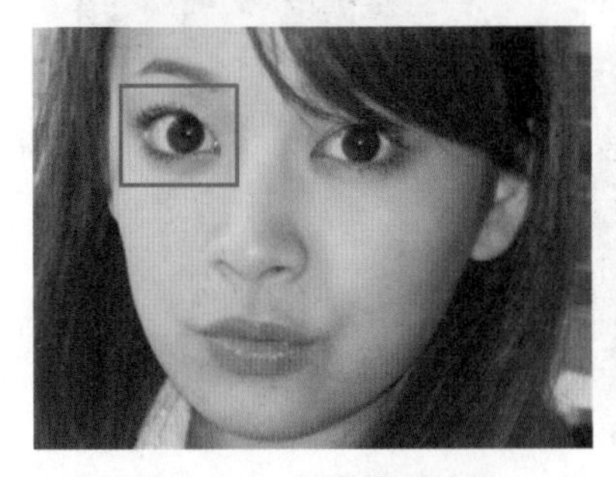

图6-22 生成睫毛效果

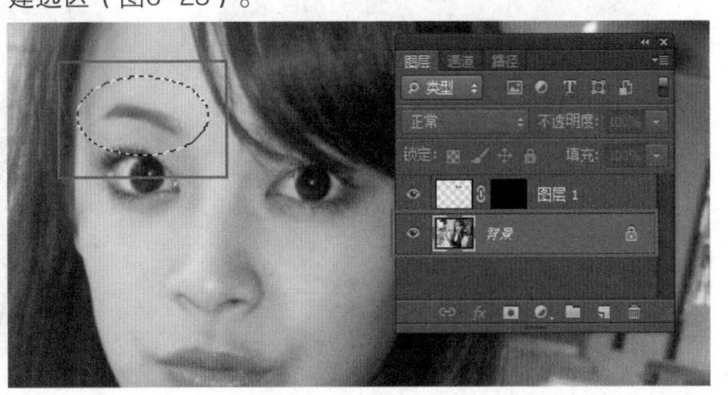

图6-23 选择眉毛区域

8. 按快捷键Ctrl+J创建图层2，设置“混合模式”为正片叠底（图6-24）。

9. 在“图层”控制面板中单击“添加图层蒙版”按钮，此时会在图层2中添加了1个白色的图层蒙版（图6-25）。

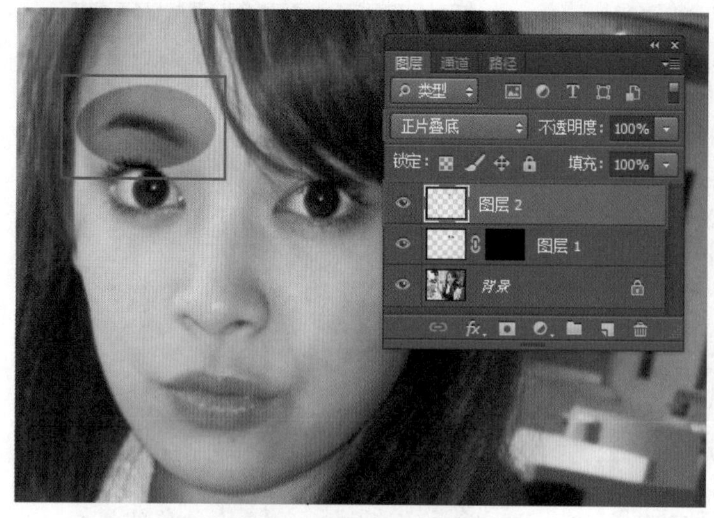

图6-24 设置图层混合模式

图6-25 添加图层蒙版

10. 选取“工具箱”中的“画笔”工具，按F5键打开“画笔”控制面板，在“画笔笔尖形状”设置“大小”为10像素，“硬度”为100%，在“画笔笔尖形状”中取消“形状动态”，但保持“平滑”的勾选（图6-26）。

11. 将工具箱中的“前景色”设置为“黑色”，使用“画笔”工具在眉毛周围仔细涂抹（图6-27）。

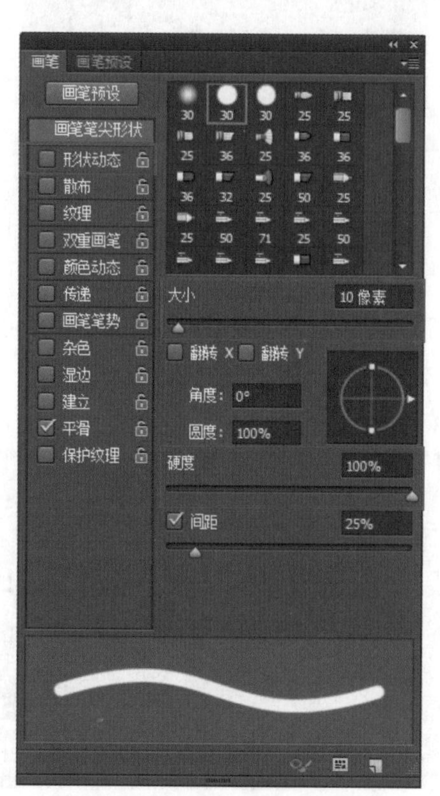

图6-26 设置画笔笔尖形状

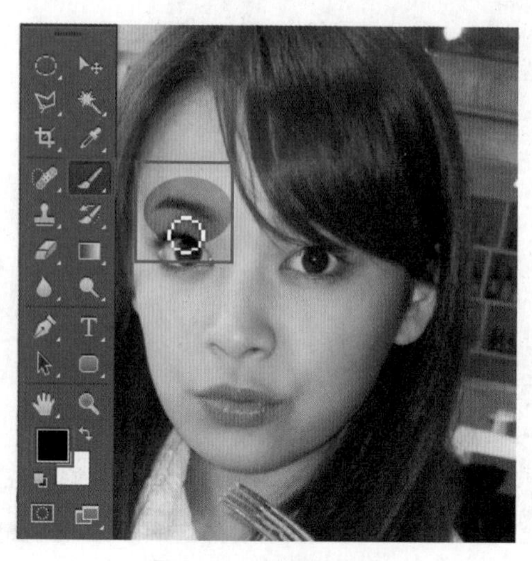

图6-27 修改前景色

12. 对眉毛周围的颜色进行仔细涂抹，只保留原来眉毛的范围，调节“画笔”工具的不透明度，涂抹眉毛边缘使其更加自然（图6-28）。

图6-28 涂抹眉毛边缘

13. 完成后照片人物睫毛眉毛已经很浓密了，加密眉毛睫毛修饰完毕（图6-29）。

图6-29 加密眉毛睫毛修饰完毕

6.4 添加眼影效果

难度等级 ★★★☆☆

添加眼影效果能强化人像五官的层次，使没有化妆的人像显得富有变化，照片效果更上档次。添加眼影效果主要使用“椭圆选框”工具、“柔光”混合模式、图层蒙版、“画笔”工具（图6-30、图6-31）。

图6-30 修饰前的照片

图6-31 修饰后的照片

1. 在菜单栏单击“文件——打开”命令或按快捷键Ctrl+O打开素材光盘中的“素材\第6章\6.4添加眼影效果”照片。

2. 选取“工具箱”中的“椭圆选框”工具，在工具属性栏设置“添加到选区”模式，在人物的眼睛上创建两个椭圆选区（图6-32）。在“图层”控制面板单击“创建新图层”按钮，新建图层1（图6-33）。

图6-32 创建椭圆选区

图6-33 新建图层

3. 将前景色设置为“R：241、G：3、B：253”，按快捷键Alt+Delete将前景色填充到选区（图6-34、图6-35）。

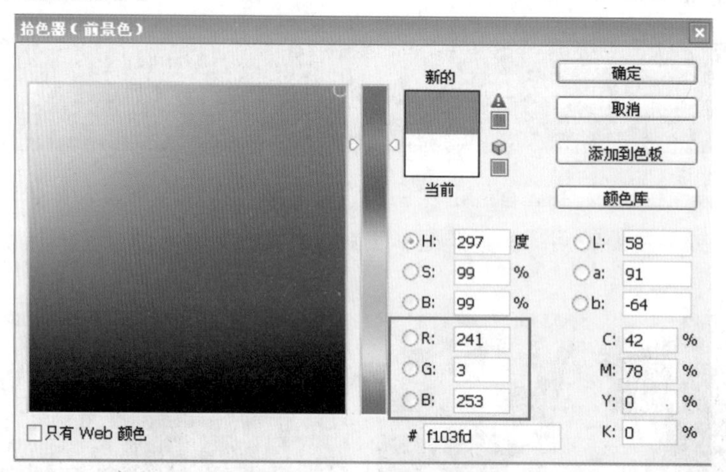

图6-34 设置前景色

图6-35 填充前景色

4. 按快捷键Ctrl+D取消选区，设置“图层混合模式”为“柔光”，“不透明度”为42%（图6-36）。

5. 在“图层”控制面板中按住Alt键并单击“添加图层蒙版”按钮，此时会在图层1中添加了1个黑色的图层蒙版（图6-37）。

图6-36 设置图层混合模式

图6-37 添加图层蒙版

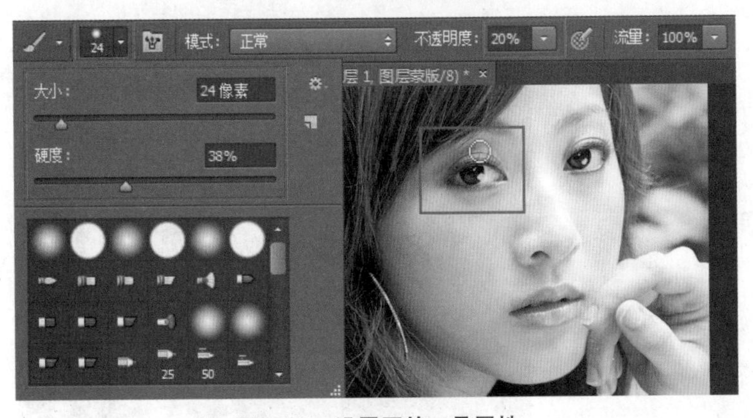

图6-38 设置画笔工具属性

6. 将工具箱中的“前景色”设置为“白色”，选取“工具箱”中的“画笔”工具，在工具属性栏设置“大小”为24像素、“硬度”为38%、“不透明度”为20%（图6-38）。

7. 设置完成后在上眼皮的位置进行涂抹，最终到达产生眼影效果，添加眼影效果修饰完毕（图6-39）。

图6-39 添加眼影效果修饰完毕

基础篇 修饰篇 精华篇

6.5 眼睛增大修整

难度等级 ★★☆☆☆

将眼睛增大是很多人像照片的修饰中心，变大后的眼睛能提升人像精神与气质，但是眼睛的大小也应控制好度，变大幅度不宜超过20%，否则会令人感到不协调。眼睛增大修整主要使用“椭圆选框”工具、“液化”滤镜（图6-40、图6-41）。

图6-40　修饰前的照片

图6-41　修饰后的照片

1. 在菜单栏单击“文件——打开”命令或按快捷键Ctrl+O打开素材光盘中的“素材\第6章\6.5眼睛增大修整”照片。

2. 选取“工具箱”中的“椭圆选框”工具，在工具属性栏设置“添加到选区”模式，设置“羽化”为4，在人物的眼睛上创建两个椭圆选区（图6-42）。

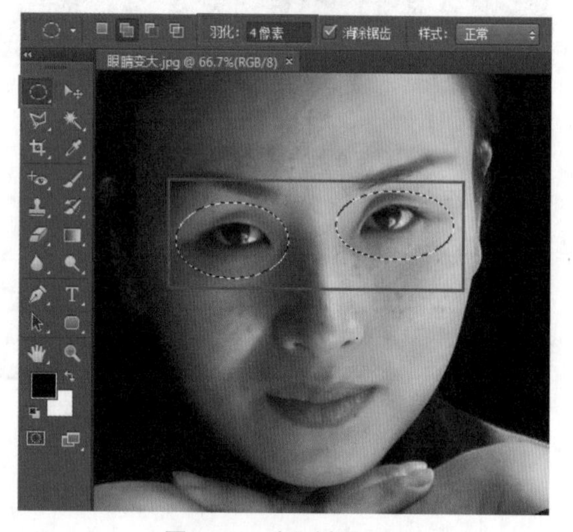

图6-42　选取椭圆区域

特别提示

PhotoshopCS中的液化滤镜功能很强大，可以用来扩大、缩小、扭曲图像，其中结合了几种重要工具与滤镜的功能，如涂抹工具、球面化、扭曲等，大多用来修图，可以将人变胖或变瘦。

常用的工具有：变形工具（变形效果）、湍流工具（特殊变形效果）、顺时针旋转扭曲工具（顺时针旋转像素）、逆时针旋转扭曲工具（逆时针旋转像素）、褶皱工具（像素靠近画笔中心）、膨胀工具（像素远离画笔中心）、移动像素工具（移动垂直像素）、对称工具（像素对称拷贝）、重建工具（完全或部分恢复图像）、冻结工具（固定不会被扭曲的区域）、解冻工具（为冻结区域解冻）、缩放工具（放大或缩小图像）、抓手工具（平移无法完整显示的图像）。

3. 创建完成后，在菜单栏单击“滤镜——液化”命令，在打开的“液化”对话框中选择“膨胀”工具 ，设置“画笔大小”为100，“画笔密度”为50，“画笔压力”为100，“画笔速率”为80（图6-43）。

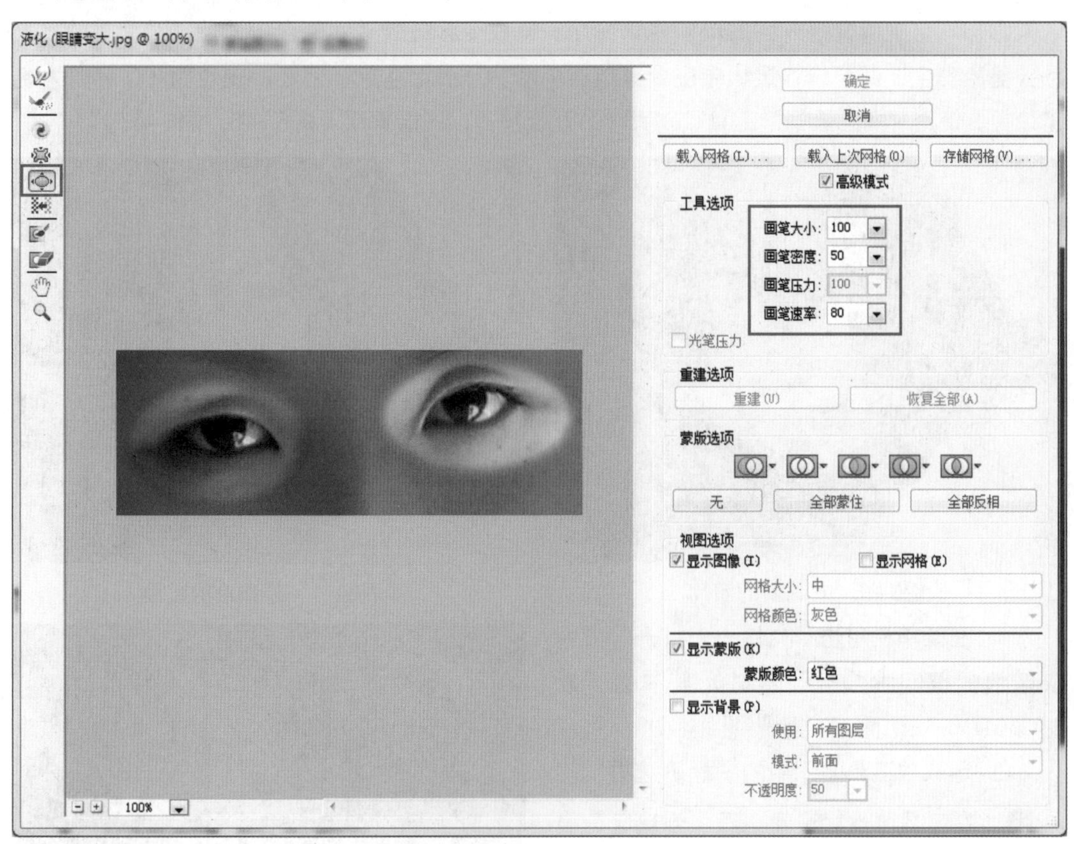

图6-43　设置液化参数

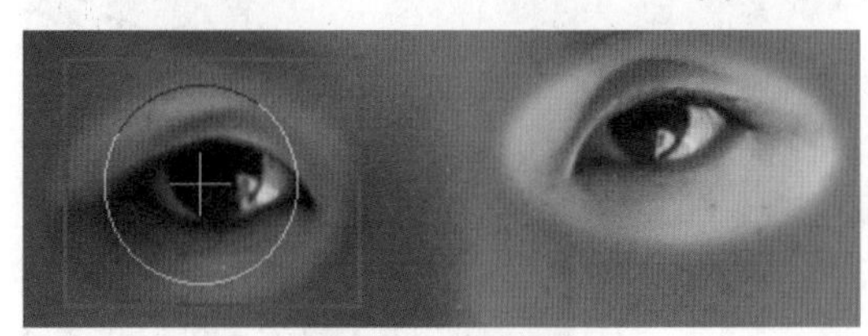

图6-44　液化膨胀

4. 设置完成后，在人物眼睛击上单将其膨胀（图6-44）。

5. 膨胀完成后，单击“确定”按钮，眼睛增大修饰完毕（图6-45）。

图6-45　眼睛增大修饰完毕

6.6 添加彩色美瞳

难度等级 ★★☆☆☆

添加彩色美瞳又是一种时尚的修饰方法，能改变眼睛瞳孔的颜色，这比随意佩戴瞳孔产品要健康安全，注意修饰过程中应合理选用色彩，一般以蓝色、紫色、褐色为主。添加彩色美瞳主要使用“椭圆选框”工具、“颜色”混合模式、图层蒙版（图6-46、图6-47）。

图6-46 修饰前的照片

图6-47 修饰后的照片

1. 在菜单栏单击“文件——打开”命令或按快捷键Ctrl+O打开素材光盘中的“素材\第6章\6.6添加彩色美瞳”照片。

2. 选取“工具箱”中的“椭圆选框”工具，在工具属性栏设置“添加到选区”模式，按住Shift键并拖动鼠标在人物的眼球上创建两个正圆选区（图6-48）。

图6-48 选取正圆选区

3. 打开“拾色器（前景色）”对话框，将前景色设置为“R：201、G：124、B：255”，设置完成后点击“确定”（图6-49）。

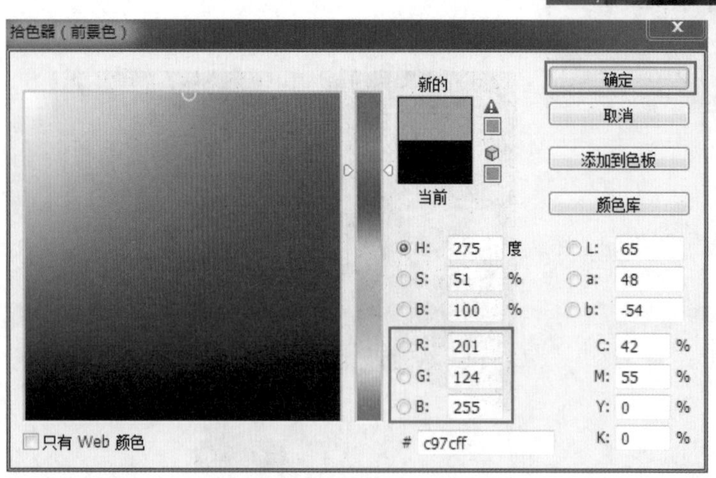

图6-49 设置色彩参数

4. 在“图层”控制面板单击“创建新图层”按钮 ，新建图层1，按快捷键Alt+Delete将前景色填充到选区（图6-50）。

5. 设置图层中的“混合模式”为“颜色”，“不透明度”为32%（图6-51）。

6. 在“图层”控制面板中单击“添加图层蒙版”按钮 ，给图层1中添加图层蒙版，此时选区区域为显示区域，其他区域为隐藏区域（图6-52）。

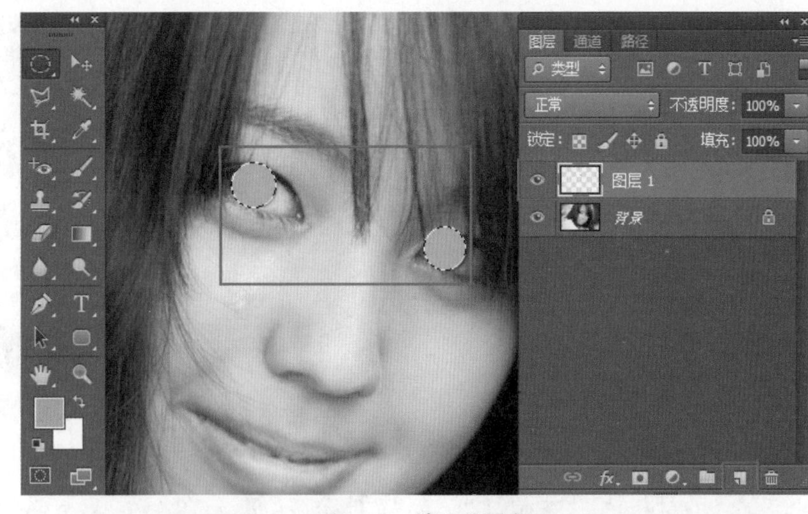

图6-50　填充前景色

图6-51　设置图层混合模式

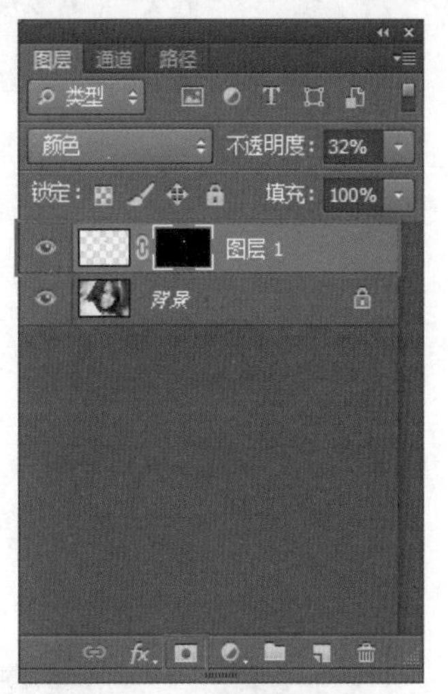

图6-52　添加图层蒙版

图6-53　涂抹眼球周边色彩

7. 将“前景色”设置为“黑色”，选取“工具箱”中的“画笔”工具 ，将眼球周围的紫色涂抹掉（图6-53）。

8. 仔细涂抹后操作完成，即可达到彩色瞳孔效果，添加彩色美瞳修饰完毕（图6-54）。

图6-54 添加彩色美瞳修饰完毕

6.7 缩小耳朵轮廓

难度等级 ★★★☆☆

缩小耳朵轮廓适用于正面拍摄的人像照片，拍摄对象的两侧耳朵过于醒目，影响人像面部轮廓的美观，适度缩小耳朵轮廓能使头部轮廓更整体、端庄。缩小耳朵轮廓主要使用“钢笔”工具、“自由变换”命令、“修复画笔”工具（图6-55、图6-56）。

图6-55 修饰前的照片

图6-56 修饰后的照片

1. 在菜单栏单击“文件——打开”命令或按快捷键Ctrl+O打开素材光盘中的“素材\第6章\6.7缩小耳朵轮廓”照片，照片中人物的耳朵出现扇风耳效果。

2. 选取“工具箱”中的“钢笔”工具，沿左耳创建路径（图6-57）。

3. 创建完成后，按快捷键Ctrl+Enter将路径转换为选区（图6-58）。

4. 再按快捷键Ctrl+J复制选区内的图像，得到图层1（图6-59）。

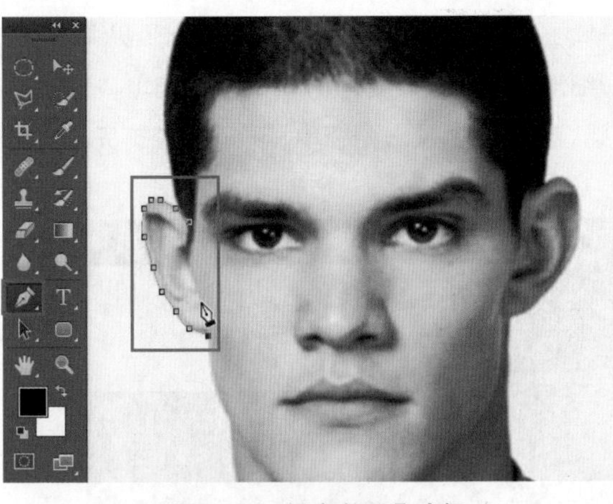

图6-57 创建左耳朵路径

图6-58 转换为选区

图6-59 创建新图层

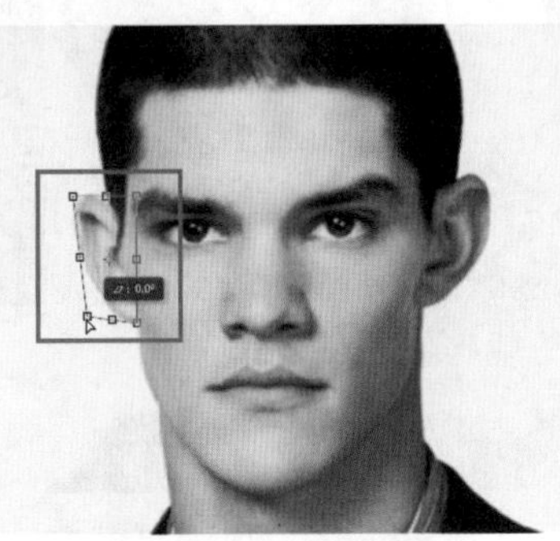

图6-60 自由变换选区

5. 按快捷键Ctrl+T键调出自由变换，按住Ctrl键并拖动左下角的控制点，对其进行变换（图6-60）。

6. 变换完成后，按Enter键确定，选择“背景”图层，选取“工具箱”中的“修复画笔”工具，按住Alt在耳朵附近进行取样（图6-61）。

图6-61 修复画笔取样

7. 取样完毕后，将工具属性栏“模式”改为“替换”，使用“修复画笔”工具，在耳朵上多次单击进行修复（图6-62），经过仔细修复后，效果变化明显（图6-63）。

8. 使用同样的方法对右边的耳朵进行修复，达到两侧统一，缩小耳朵轮廓修饰完毕（图6-64）。

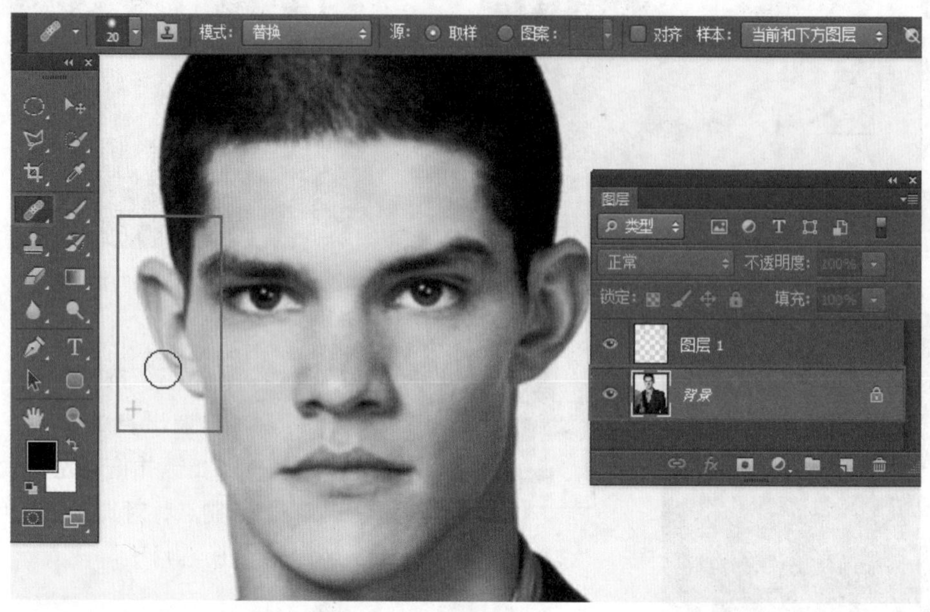

图6-62　改变取样模式

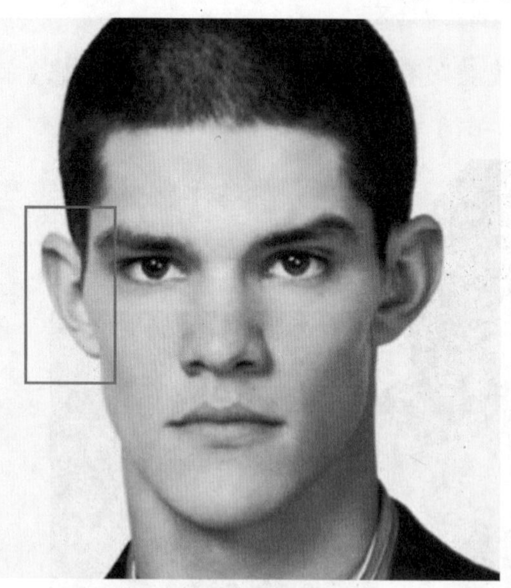

图6-63　左耳修饰完毕

图6-64　缩小耳朵轮廓修饰完毕

特别提示

在PhotoshopCS中修饰人像照片的耳朵大小虽然简单，但是不宜作过大变化，如果人像的耳朵较大，可以在拍摄时调整取景角度，从倾斜侧面拍摄即可，避免两只耳朵都被拍摄下来。

6.8 隆鼻美容技术

难度等级 ★★☆☆☆

隆鼻美容技术适用于鼻子低平的人像，或正面拍摄的人像照片，适当提高鼻子能加强面部五官的联系，通常还需对鼻子下方的嘴角同步进行修饰，使面部五官显得更紧凑。隆鼻美容技术主要使用“液化”滤镜（图6-65、图6-66）。

图6-65 修饰前的照片

图6-66 修饰后的照片

1. 在菜单栏单击“文件——打开”命令或按快捷键Ctrl+O打开素材光盘中的“素材\第6章\6.8隆鼻美容技术”照片。

2. 在菜单栏单击“滤镜——液化”命令，打开“液化”对话框（图6-67）。

图6-67 打开“液化”对话框

3. 在“液化”对话框中选择“向前变形”工具，在“工具选项”中设置画笔参数，“画笔大小”为100，“画笔密度”为50，“画笔压力”为100，“画笔速率”为80（图6-68）。

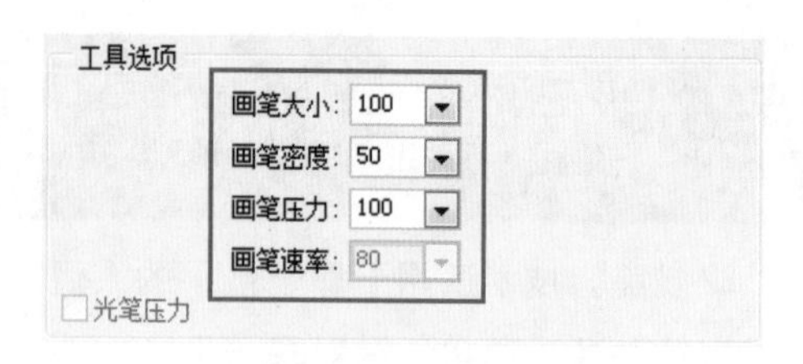

图6-68 设置画笔参数

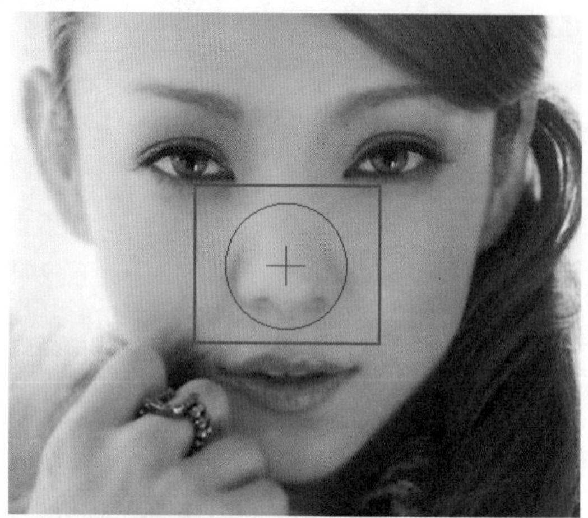
图6-69 向下拖拽鼻子

4. 设置完成后，使用“向前变形”工具将人物的鼻子向下拖拽（图6-69）。

5. 再将人物的两边嘴角向上拖拽，注意拖拽的幅度不应太大，否则会很不自然（图6-70）。

6. 隆鼻美容技术修饰完毕（图6-71）。

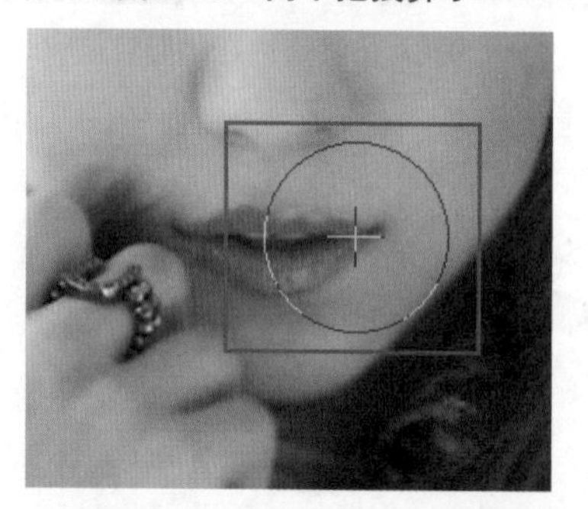
图6-70 向上拖拽嘴角

图6-71 隆鼻美容技术修饰完毕

6.9 添加唇彩效果

难度等级 ★★★★★

添加唇彩效果能提升人像嘴唇色彩，适用于没有使用唇膏的人像照片，唇彩颜色可以随意变化，但是要以人像的皮肤、衣着、气质匹配。由于嘴唇是五官修饰的重心，因此在修饰时要细分步骤，主要使用“钢笔”工具、“羽化选区”命令、“添加杂色”命令、“色相/饱和度”命令、剪切蒙版（图6-72、图6-73）。

1. 在菜单栏单击“文件——打开”命令或按快捷键Ctrl+O打开素材光盘中的“素材\第6章\6.9添加唇彩效果”照片。

2. 选取“工具箱”中的“钢笔”工具，沿人物的嘴唇边缘仔细创建封闭路径（图6-74）。

图6-72 修饰前的照片

图6-73 修饰后的照片

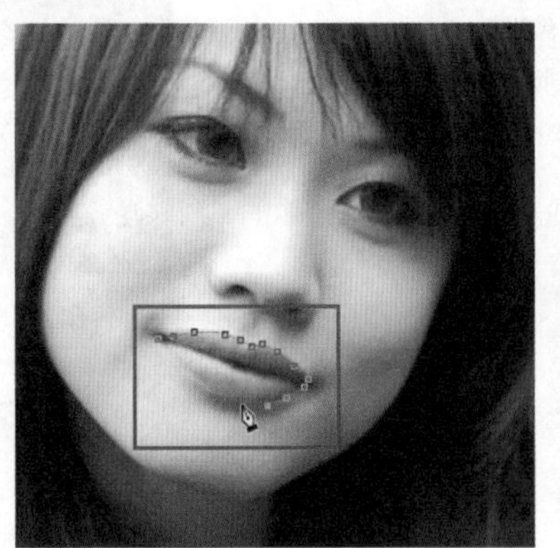

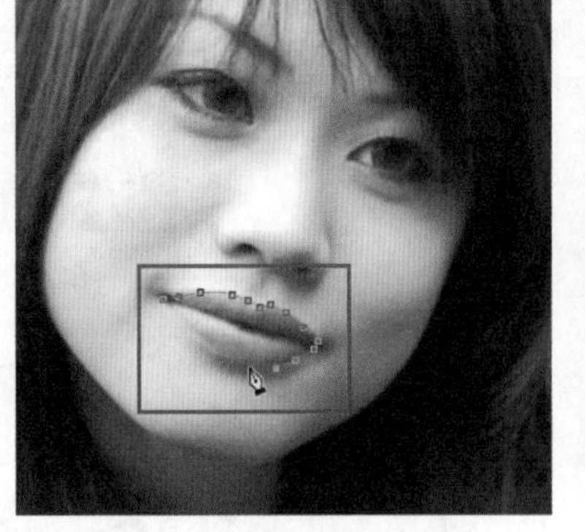

图6-74 创建嘴唇路径

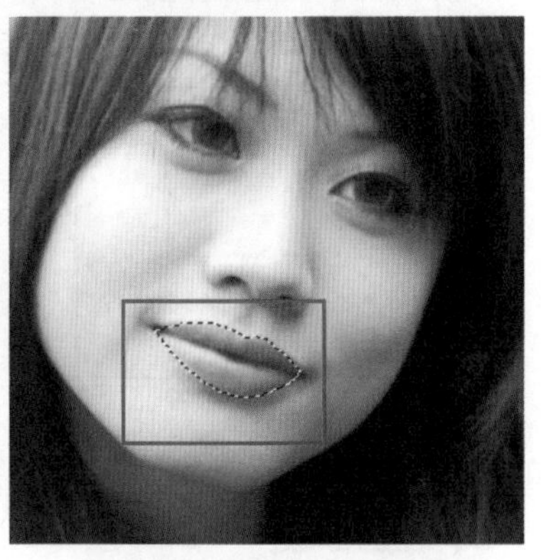

图6-75 转换为选区

3. 创建完成后，按快捷键Ctrl+Enter将创建的路径转换为选区（图6-75）。

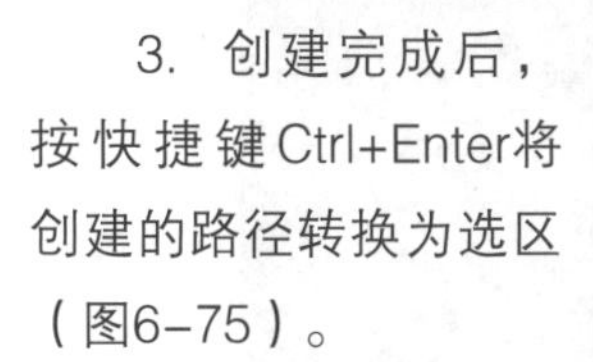

4. 在菜单栏单击“选择——修改——羽化”命令，在弹出的“羽化选区”对话框中设置“羽化半径”为1像素（图6-76）。

5. 设置完成后单击“确定”按钮，在“图层”控制面板中单击“创建新图层”按钮 ，新建图层1（图6-77）。

图6-76 羽化选区

图6-77 创建新图层

6. 将“前景色”设置为白色，按快捷键Alt+Delete将前景色填充到选区（图6–78）。

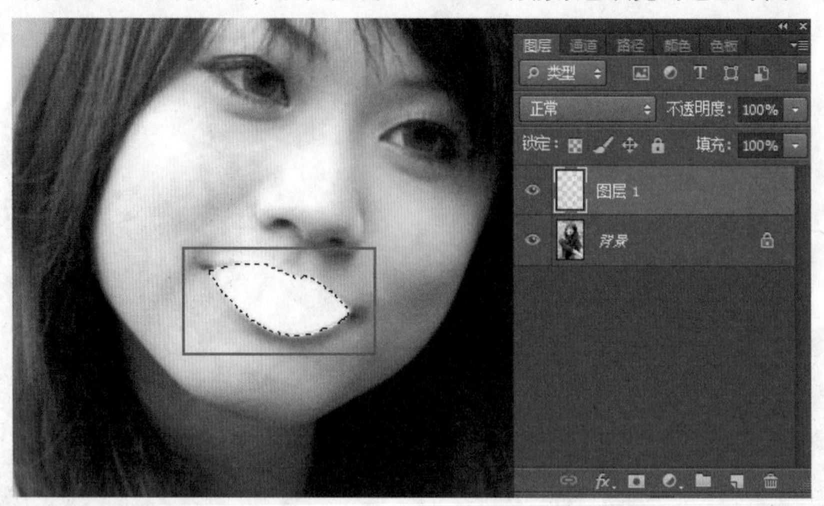

图6–78　填充前景色

7. 填充完成后在菜单栏单击“滤镜——杂色——添加杂色”命令，在打开的“添加杂色”对话框中设置“数量”为77.73，单击“平均分布”选项（图6–79）。

8. 设置完成后单击“确定”按钮，设置“图层混合模式”为“叠加”，“不透明度”为22%（图6–80）。

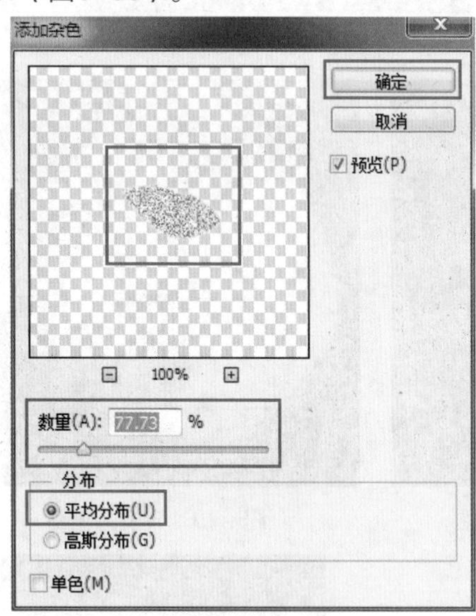

图6–79　添加杂色

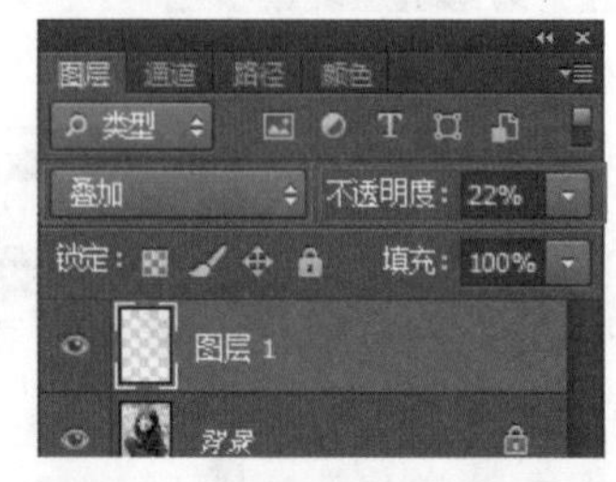

图6–80　设置图层混合模式

9. 按快捷键Ctrl+D取消选区（图6–81）。

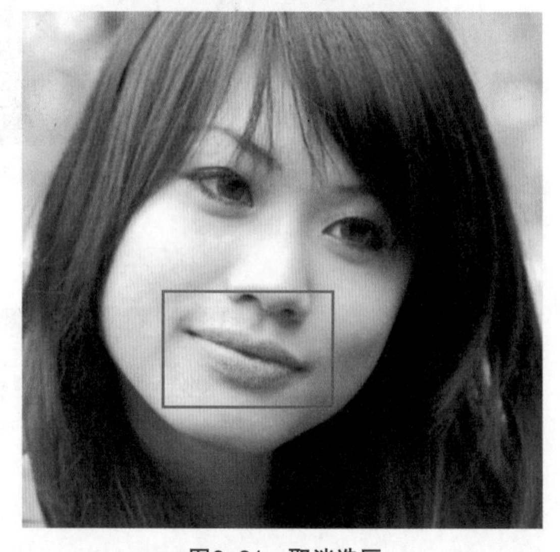

图6–81　取消选区

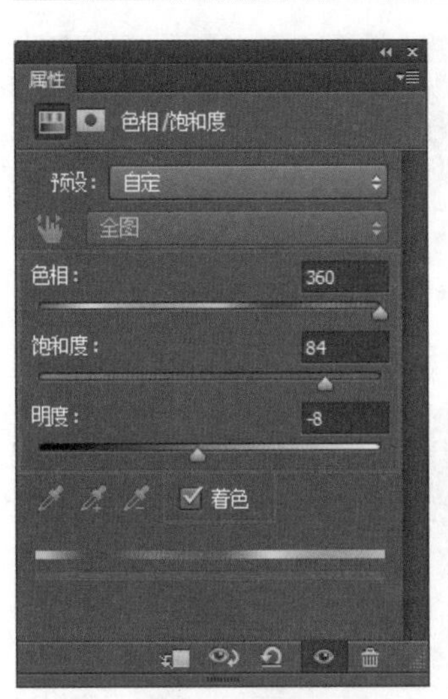

图6-82 修改色相/饱和度属性

10. 在“图层”控制面板中单击“创建新的填充或调整图层”按钮，在弹出的菜单中选择“色相 / 饱和度”命令，在打开的“色相 / 饱和度”面板中选择“着色”选项，设置各种参数，“色相”为360，“饱和度”为84，“明度”为-8（图6-82）。设置完成后，照片变红（图6-83）。

图6-83 修改完成效果

11. 按住Alt键，将鼠标放置在“色相/饱和度”图层与“图层1”之间，点击所出现的图标。这样，“色相/饱和度”图层只对“图层1”起作用（图6-84）。

图6-84 点击图层之间的图标

12. 操作完成后，添加唇彩效果修饰完毕（图6-85）。

图6-85 添加唇彩效果修饰完毕

6.10 牙齿美白技法

难度等级 ★★★☆☆

牙齿美白技法适用面很广，除了人像原有牙齿不白外，在拍摄时受光线、角度的影响，都会导致牙齿效果不佳，牙齿美白修饰要控制好度，不能过于夸张，否则会与其他五官不协调，主要使用“复制选区内容”命令、“色阶”调板、剪贴蒙版（图6-86、图6-87）。

图6-86　修饰前的照片

图6-87　修饰后的照片

1. 在菜单栏单击“文件——打开”命令或按快捷键Ctrl+O打开素材光盘中的“素材\第6章\6.10牙齿美白技法”照片。

2. 选取“工具箱”中的“多边形套索工具”工具，在照片人物的牙齿上创建封闭选区（图6-88）。

图6-88　创建牙齿选区

3．按快捷键Ctrl+J复制选区内的图像，得到图层1，在“图层”控制面板中单击“创建新的填充或调整图层”按钮 ，在弹出菜单中选择“色阶”命令（图6-89）。

4．在打开的“色阶”调整调板中将白色与灰色的控制滑块向左滑动，移动幅度根据实际情况来定（图6-90）。

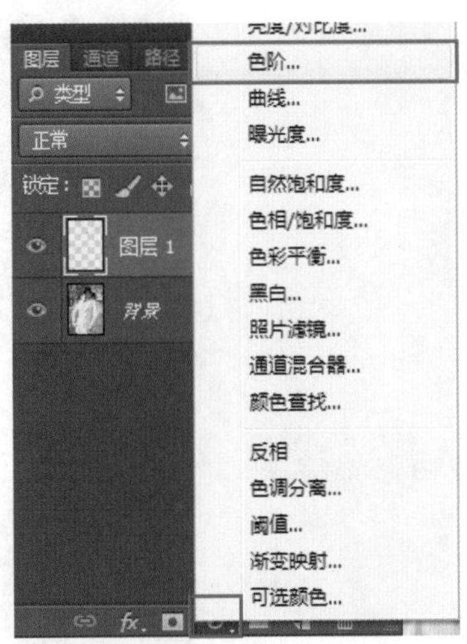

图6-89　选择色阶命令

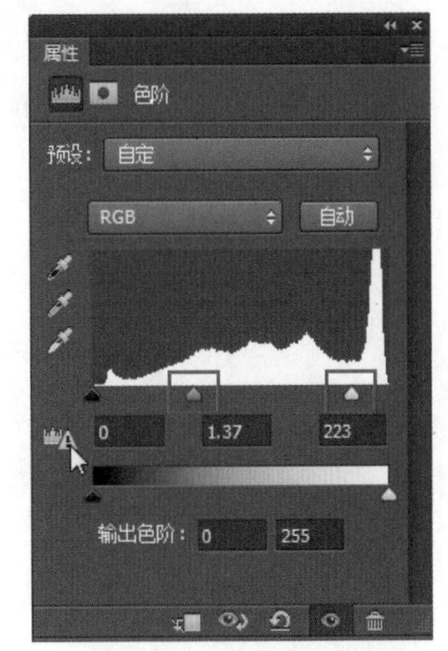

图6-90　移动色阶滑块

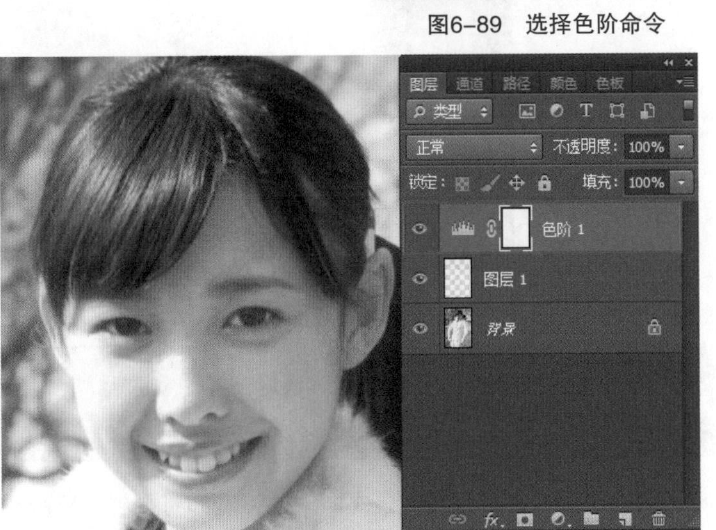

图6-91　图像变亮

5．调整完毕后，整个图像都被调亮了（图6-91）。

6．按住Alt键，将鼠标放置在“色阶1”图层与“图层1”之间，点击所出现的图标。这样，“色阶1”图层只对“图层1”起作用（图6-92）。

图6-92　点击图层之间的图标

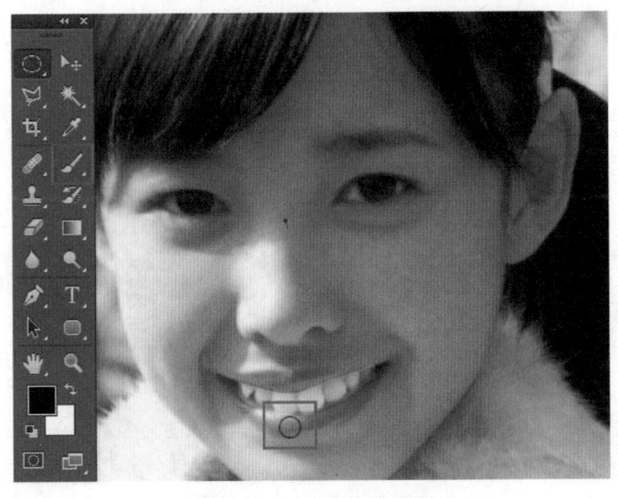

图6-93　涂抹牙齿周围

7．选择“色阶1”图层剪贴蒙版，将前景色设置为黑色，选取“工具箱”中的“画笔”工具 ，在牙齿周围涂抹，使其更自然（图6-93）。

8. 涂抹完成后，牙齿美白修饰完毕（图6–94）。

图6–94　牙齿美白技法修饰完毕

6.11　调整两颚形体

难度等级
★★☆☆☆

调整两颚形体主要针对人像两颚进行修饰，将两颚的肌肉向内收缩，即可得到脸部修长的效果，适合年轻女性人像照片，调整幅度不宜过大，轻度修饰即能达到良好效果。调整两颚形体主要使用“液化”滤镜（图6–95、图6–96）。

1. 在菜单栏单击“文件——打开”命令或按快捷键Ctrl+O打开素材光盘中的“素材\第6章\6.11调整两颚形体”照片。

图6–95　修饰前的照片

图6–96　修饰后的照片

2. 在菜单栏单击“滤镜——液化”命令，打开“液化”对话框。在“液化”对话框选择“向前变形”工具，在工具“工具选项”中设置“画笔大小”为50，“画笔密度”为30，“画笔压力”为100，“画笔速率”为80（图6–97）。

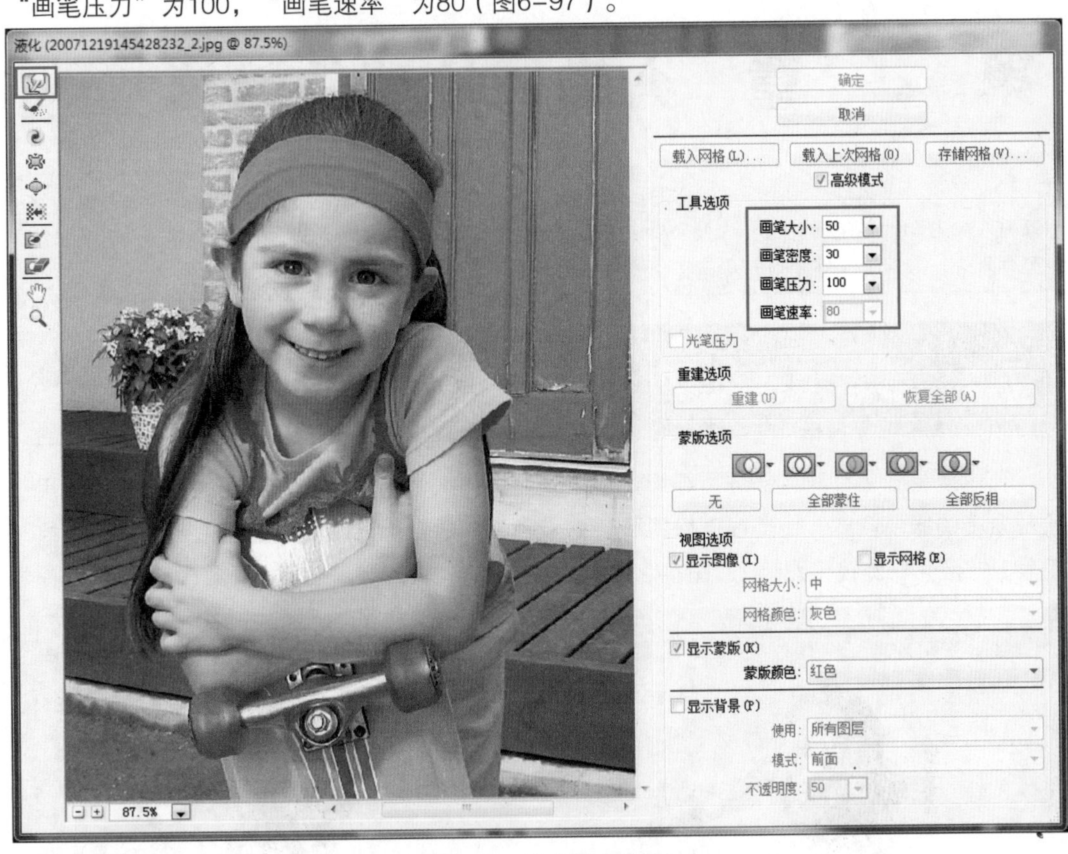

图6–97 设置液化参数

3. 设置完成后使用“向前变形”工具在人物脸部由边缘向中心拖动，仔细调整后，单击“确定”按钮（图6–98）。

4. 调整两颚形体修饰完毕（图6–99）。

图6–98 液化变形

图6–99 调整两颚形体修饰完毕

第7章 人像照片整体修饰

人像照片整体修饰的个性化比较强，修饰的最终目的也不同，但是方法基本一致。整体修饰要注重人像与周边环境的关系，人物与背景不能发生脱离。修饰人物的同时，也要对背景进行处理。整体修饰一般后于五官修饰，是五官修饰的重要补充。

7.1 艺术瘦身处理

难度等级 ★★★☆☆

艺术瘦身主要针对腰部进行纤细化处理，能优化人像的身材，显得更富有动感，适用于腰部紧凑的服装款式，但是很蓬松的服装款式确不太适合。艺术瘦身处理主要使用“钢笔”工具、“液化”滤镜（图7-1、图7-2）。

图7-1 修饰前的照片

图7-2 修饰后的照片

1. 在菜单栏单击“文件——打开”命令或按快捷键Ctrl+O打开素材光盘中的“素材\第7章\7.1艺术瘦身处理”照片。

2. 照片人物的腰部有些赘肉，我们对其进行“瘦腰”，选取“工具箱”中的“钢笔”工具，在腰部创建路径（图7-3）。

3. 闭合路径创建，使路径成为封闭状态（图7-4）。

4. 按快捷键Ctrl+Enter将路径转换为选区（图7-5）。

图7–3 创建路径

图7–4 闭合路径

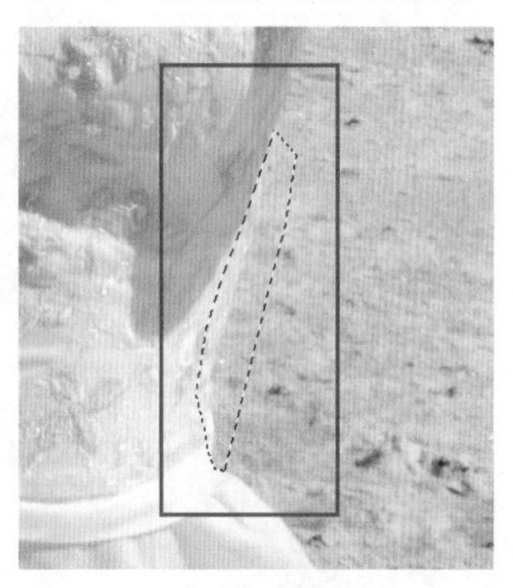

图7–5 转变成选区

5. 在菜单栏单击“滤镜——液化”命令，打开“液化”对话框。在“液化”对话框中选择“冻结蒙版”工具，在“工具选项”中设置“画笔大小”为151，“画笔密度”为100，“画笔压力”为100，“画笔速率”为80（图7–6）。

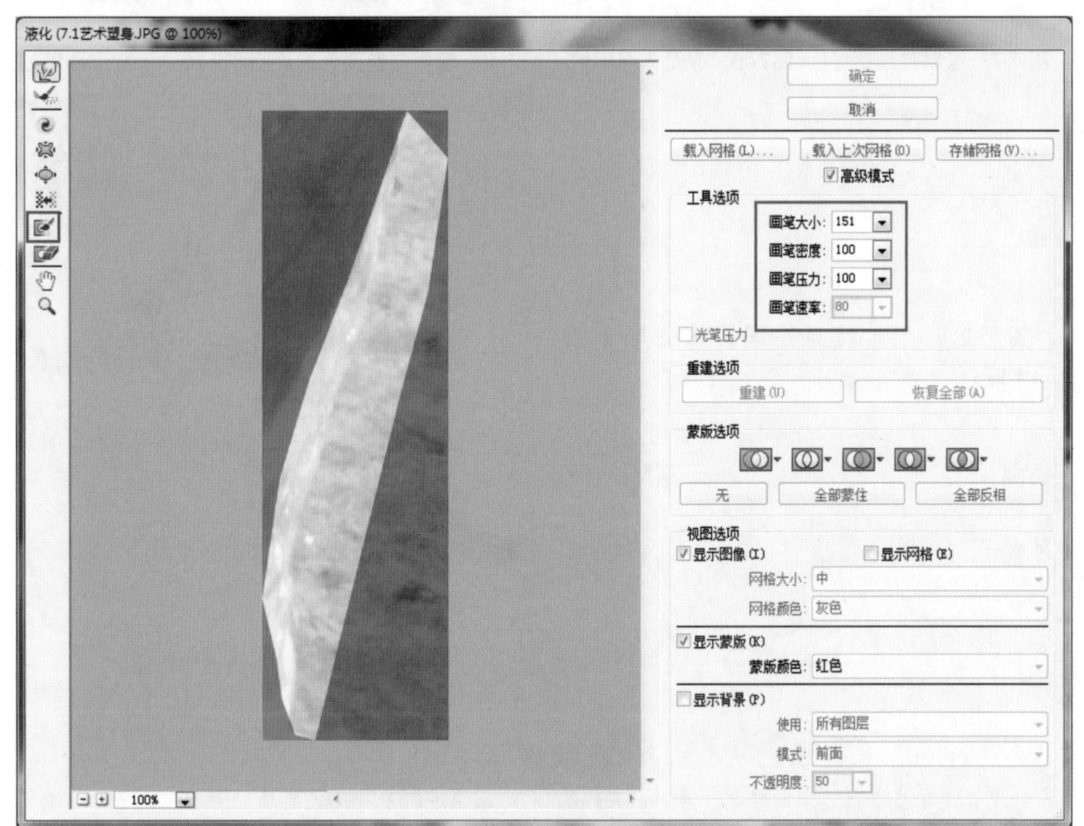

图7–6 设置液化参数

6. 设置完成后，在图像中涂抹衣服以外的区域，绘制冻结区（图7–7）。

7. 经过仔细涂抹，保留衣服区域，绘制完成后边缘应比较整齐（图7–8）。

8. 再选择“向前变形”工具，在图像中向左拖动（图7–9），直至衣服区域完全消除

（图7-10），拖动完成后，按“确定”按钮，再按快捷键Ctrl+D取消选区。

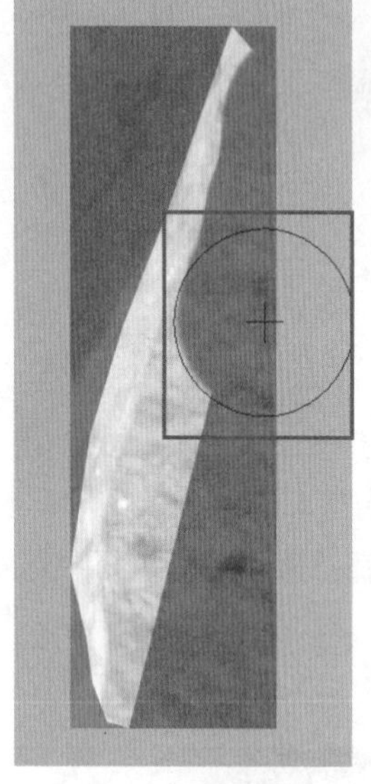

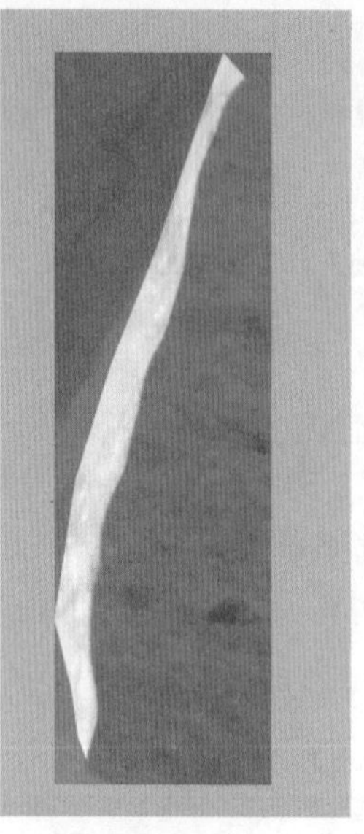

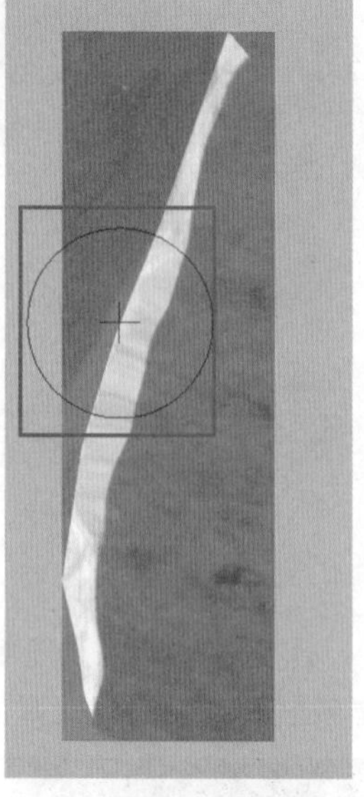

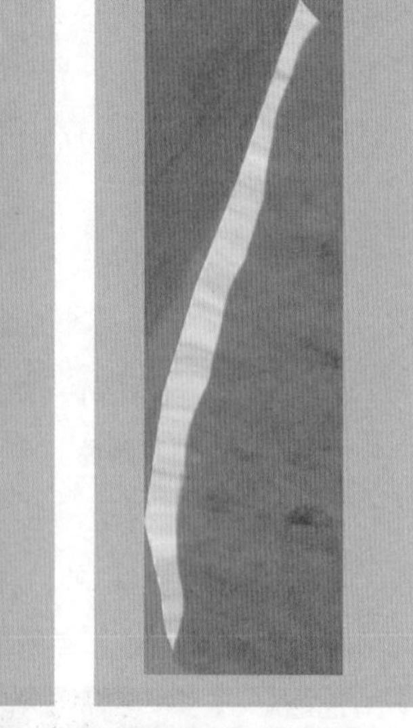

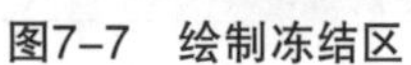

图7-7　绘制冻结区　图7-8　保留衣服区域　图7-9　使用向前变形工具　图7-10　消除衣服区域

9. 此时艺术瘦身处理修饰完毕（图7-11）。

图7-11　艺术瘦身处理修饰完毕

特别提示

瘦身是很多女性追求的梦想，在PhotoshopCS中对人像进行瘦身比较简单，方法也很多，其中“液化”滤镜是最快捷最常用的工具。

“液化”滤镜的操作重点在于液化人像时，首先要确定区域，适用钢笔工具绘制出范围，不能超越界限。然后要仔细处理，液化的幅度不能过大。不能对周边背景、环境造成影响，否则会产生很明显的修改痕迹。最后可以根据需要对人像进行全身处理，不能只针对腰、腿部修饰。要做出完美的人像瘦身修饰需要多次练习，并应该严格按照本章操作步骤执行。人像瘦身处理的核心在于不能修饰得过于夸张，瘦身幅度在20%以内即可。

7.2 凸出人像主体

难度等级 ★★★☆☆

在拍摄照片时，背景可能会比较丰富，或是相机的对焦没有到位，导致人像主体不凸出，与背景混为一体。凸出人像主体是指让照片中的人像显得更醒目，不被复杂的背景所影响，主要使用“高斯模糊”滤镜、“快速选择”工具、图层蒙版（图7-12、图7-13）。

图7-12 修饰前的照片

图7-13 修饰后的照片

图7-14 创建人像选区

1. 在菜单栏单击“文件——打开”命令或按快捷键Ctrl+O打开素材光盘中的“素材\第7章\7.2凸出人像主体”照片。

2. 在左侧“工具箱”中选取“快速选择”工具，在人物中央上拖动创建选区（图7-14）。

3. 在工具属性栏中单击“从选区中减去”按钮，再在人物手臂等处拖动，去除多选的背景部分，使选区更加精确（图7-15）。

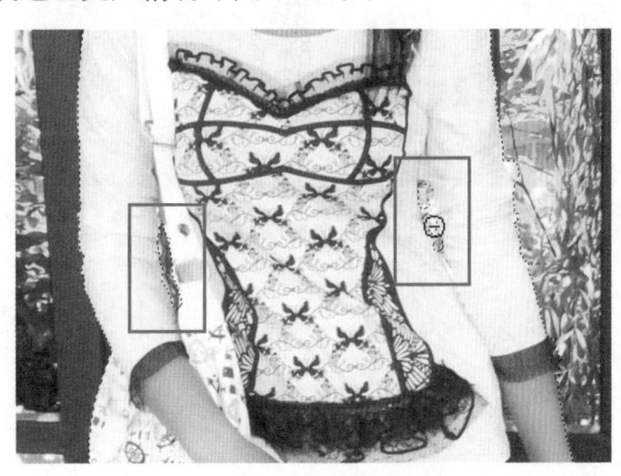

图7-15 去除多选的部位

4. 调整完选区后，按快捷键Ctrl+J复制选区内容，得到“图层1”，再将“背景”图层进行复制，得到“背景副本”图层（图7–16）。

5. 选择“背景副本”图层，在菜单栏单击“滤镜——模糊——高斯模糊”滤镜，在打开的“高斯模糊”对话框中设置“半径”为8.8（图7–17）。

图7–16　复制图层

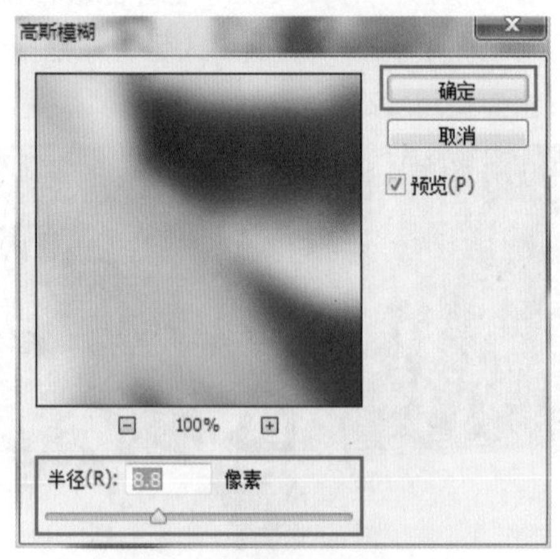

图7–17　高斯模糊

6. 设置完成后单击“确定”按钮（图7–18）。

7. 在“图层”控制面板中单击“添加图层蒙版”按钮，为“背景副本”图层添加白色蒙版（图7–19）。

图7–19　添加图层蒙版

图7–18　高斯模糊效果

8. 将“前景色”设置为“黑色”，“背景色”设置为白色，选取“工具箱”中的“渐变”工具，在图像中从下向上拖动，填充渐变色（图7–20）。

图7–20　使用渐变工具

9. 操作完成后，照片中的人物就凸现出来了，凸出人像主体修饰完毕（图7-21）。

图7-21 凸出人像主体修饰完毕

7.3 男性添加胡须

难度等级 ★★★★☆

为男性添加胡须，能使男性显得成熟帅气，适用于富有朝气、活力的男青年。胡须的浓淡可以根据个性、气质、年龄来确定，修饰后人像魅力独特，男性添加胡须主要使用“正片叠底”混合模式、“添加杂色”滤镜、图层蒙版、“画笔”工具（图7-22、图7-23）。

图7-22 修饰前的照片

图7-23 修饰后的照片

1. 在菜单栏单击“文件——打开”命令或按快捷键Ctrl+O打开素材光盘中的“素材\第7章\7.3男性添加胡须”照片。

2. 选取“工具箱”中的“多边形套索”工具，在工具属性栏单击“从选区内减去”按钮，设置“羽化”为2（图7-24）。

图7-24 设置多边形套索属性

3. 设置完成后，在人物下颚与嘴部创建选区（图7–25）。

4. 将“前景色”设置为“白色”，新建图层1，按快捷键Alt+Delete将前景色填充到选区（图7–26）。

图7–25 创建选区

图7–26 选区内填充白色

5. 按快捷键Ctrl+D取消选区，在菜单栏单击“滤镜——杂色——添加杂色”命令，在打开的“添加杂色”对话框中设置“数量”为167.12，选择“平均分布”（图7–27）。

6. 设置完成后单击“确定”按钮（图7–28）。

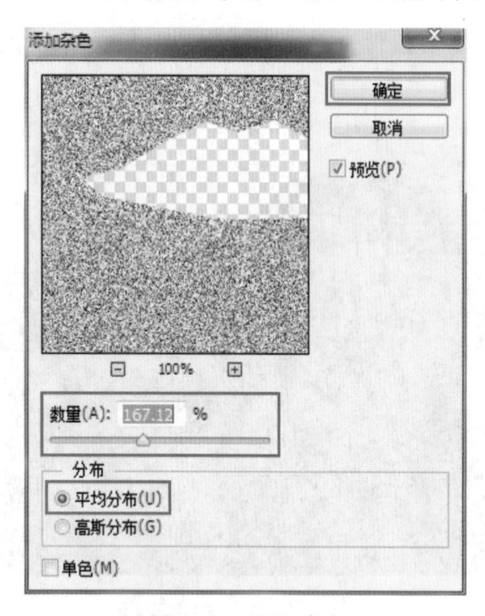

图7–27 添加杂色

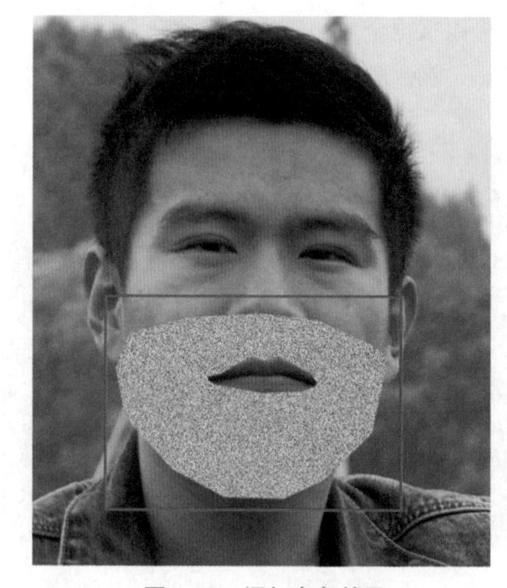

图7–28 添加杂色效果

7. 在“图层”控制面板，为“图层1”设置“图层混合模式”为“正片叠底”，“不透明度”为42%（图7–29）。

8. 将“前景色”设置为“黑色”，在“图层”控制面板中单击“添加图层蒙版”按钮▣，为“图层1”图层添加白色蒙版（图7–30）。

9. 选取“工具箱”中的“画笔”工具▨，调节“不透明度”在嘴部周围进行涂抹，使胡须更加真实（图7–31）。

图7-29 设置图层混合模式

图7-30 添加图层蒙版

10. 仔细涂抹后，操作完成，人像面部生成胡须，效果很自然，男性添加胡须修饰完毕（图7-32）。

图7-31 涂抹胡须

图7-32 男性添加胡须修饰完毕

7.4 快捷丰胸技法

难度等级 ★★☆☆☆

在PhotoshopCS中进行丰胸修饰很受现代女性青睐，操作技法比较简单快捷，效果明显，但是要把握得当，不宜过度，在原照片的基础上增大20%以内即可，过度会影响人像衣着纹理或周边背景变形，快捷丰胸主要使用“液化”滤镜（图7-33、图7-34）。

图7-33 修饰前的照片

图7-34 修饰后的照片

1. 在菜单栏单击“文件——打开”命令或按快捷键Ctrl+O打开素材光盘中的“素材\第7章\7.4快捷丰胸技法”照片。

2. 将“背景”图层复制，得到“背景副本”图层（图7-35）。

3. 在菜单栏单击“滤镜——液化”命令，打开“液化”对话框。在“液化”对话框中左侧选择“膨胀”工具，设置“画笔大小”为60，“画笔密度”为100，“画笔压力”为100，“画笔速率”为80，具体参数根据照片像素大小设定（图7-36）。

图7-35 复制图层

图7–36　设置液化参数

4. 设置完成后，在人物的胸部单击鼠标，对胸部进行膨胀处理（图7–37）。

5. 完成后单击“确定”按钮，完成操作，丰胸效果比较明显，快捷丰胸修饰完毕（图7–38）。

图7–37　胸部膨胀处理

图7–38　快捷丰胸修饰完毕

7.5 仿制人像效果

难度等级 ★★☆☆☆

仿制人像效果是指在同一张照片中变化出多个一模一样的人像，营造出离奇的拍摄效果，既能凸出人像主体，又能提升照片的趣味性，很受年轻人的喜爱。仿制人像效果主要使用“仿制源”控制面板、“橡皮擦”工具、编辑蒙版（图7-39、图7-40）。

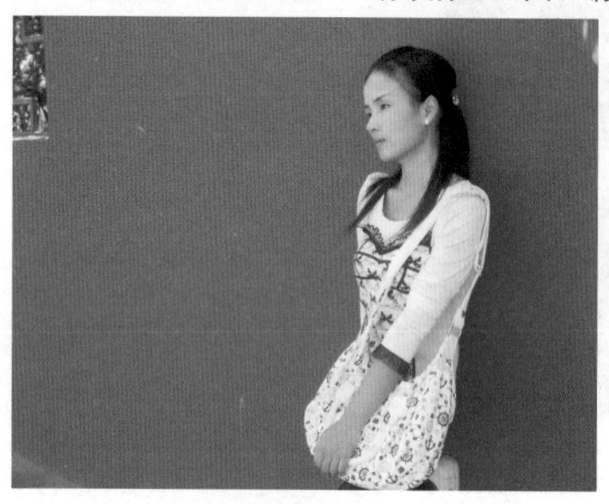

图7-39　修饰前的照片

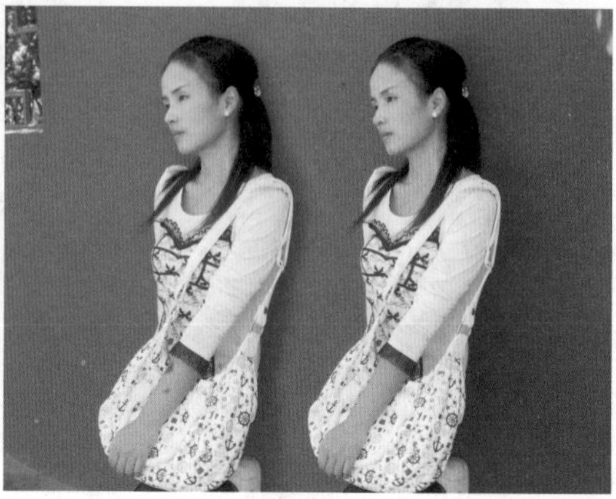

图7-40　修饰后的照片

1. 在菜单栏单击“文件——打开”命令或按快捷键Ctrl+O打开素材光盘中的“素材\第7章\7.5仿制人像效果”照片。

2. 在“图层”控制面板单击“创建新图层”按钮，得到“图层1”（图7-41），选取“工具箱”中“修复画笔”工具，设置“画笔大小”为84，“模式”为“替换”，选择“取样”选项，“样本”为“当前和下方图层”（图7-42）。

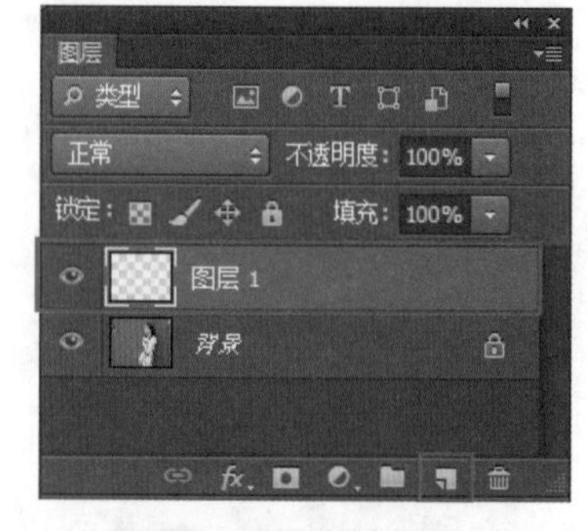

图7-41　创建图层

图7-42　设置修复画笔属性

3. 在菜单栏单击“窗口——仿制源”命令，打开“仿制源”控制面板，选择“仿制源1”（图7-43）。

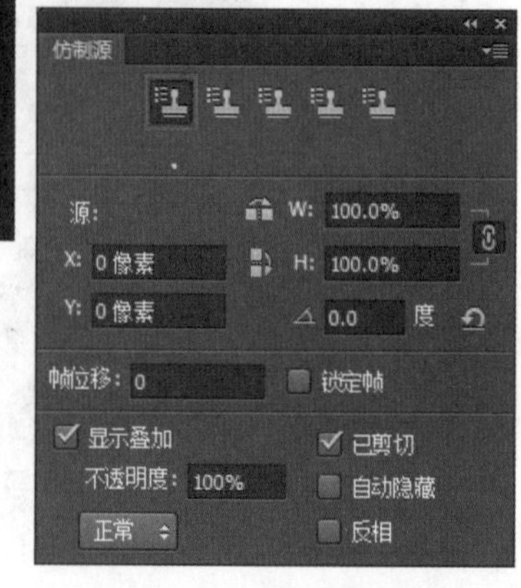

图7-43　使用仿制源

4. 设置完成后，按住Alt键在照片中人物的头部进行取样（图7–44）。

5. 取样完成后，松开Alt键，鼠标移动到图像的左边，按住鼠标左键进行涂抹即可进行仿制（图7–45）。

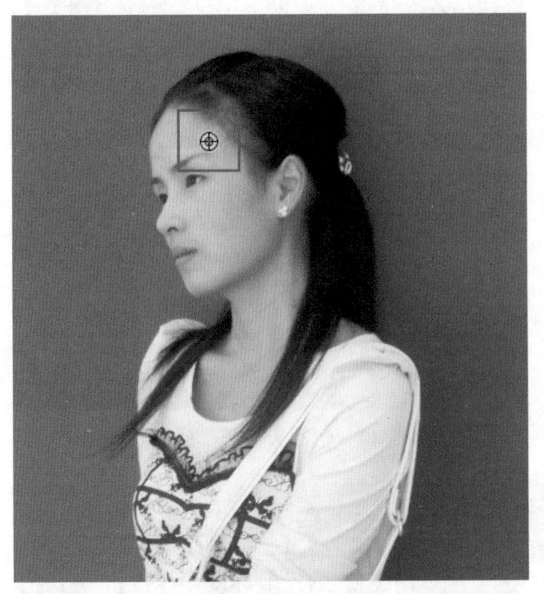

图7–44 仿制取样

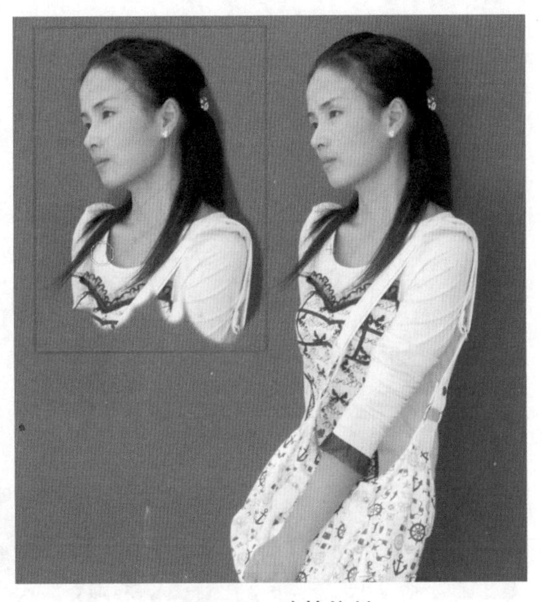

图7–45 涂抹仿制

图7–46 仿制效果

6. 涂抹完成后，仿制效果很完美（图7–46）。

7. 在工具栏中将“前景色”设置为“白色”，“背景色”设置为“黑色”。在“图层”控制面板下面单击“添加图层蒙版”按钮 ，为“图层1”添加图层蒙版（图7–47）。

图7–47 添加图层蒙版

8. 选取“工具箱”中的“橡皮擦”工具，在人物边缘处进行涂抹，根据位置的不同调节画笔大小与不透明度，使照片更加自然（图7–48）。

9. 蒙版编辑完成后，仿制人像效果修饰完毕（图7–49）。

图7–48　擦除投影

图7–49　仿制人像效果修饰完毕

7.6　变换服装款式

难度等级 ★☆☆☆☆

变换服装款式可以对人像衣着服饰进行修饰，能修饰服装的局部款式，包括各种瑕疵、污迹等，修饰方法特别简单，主要使用“污点修复画笔”工具（图7–50、图7–51）。

图7–50　修饰前的照片

图7–51　修饰后的照片

1. 在菜单栏单击“文件——打开”命令或按快捷键Ctrl+O打开素材光盘中的“素材\第7章\7.6变换服装款式”照片。

2. 选取“工具箱”中的“污点修复画笔”工具，将画笔大小调到比照片人物纽扣稍微大一点，选择“内容识别”（图7–52）。

3. 设置完成后，使用“污点修复画笔”工具在衣服纽扣与褶皱上涂抹（图7–53）。

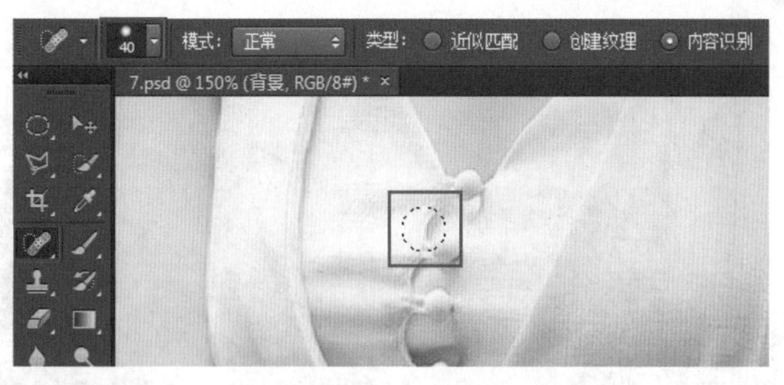

图7–52　设置污点修复画笔属性

图7–53　涂抹画笔

4. 仔细将衣服调整自然，操作完成，变换服装款式修饰完毕（图7–54）。

图7–54　变换服装款式修饰完毕

7.7　增强照片对比

难度等级 ★★★★☆

增强照片对比用于修饰比较平淡的人像照片，或是拍摄姿势平淡、或是构图平淡、或是相机曝光平淡，总之能使平淡的人像照片显得富有活力。增强照片对比不是简单调节“亮度/对比度”，主要使用“镜头光晕”滤镜与“渐变映射”调板（图7–55、图7–56）。

1. 在菜单栏单击“文件——打开”命令或按快捷键Ctrl+O打开素材光盘中的“素材\第7章\7.7增强照片对比”照片。

特别提示

在PhotoshopCS中调节“亮度/对比度”是最简单的修饰方法，虽然能快速提高照片的整体效果，但是却损失了很多有效像素。因为PhotoshopCS在调节时，是通过减少相邻像素来提升对比效果的。例如，在过度比较柔和的连续1~8号像素中，去掉其中的2、4、6、8号像素，自动将1、3、5、7号像素填充到上述像素的位置上，这样照片就变得比较清晰了。对于高像素的照片而言，影响不大，但是对于需要裁切或放大的照片，其中的层次就会变得比较单一。因此，不建议直接对照片进调节“亮度/对比度”，而是通过本章的方法来进行修饰。

图7-55　修饰前的照片

图7-56　修饰后的照片

2. 在菜单栏单击“滤镜——转换为智能对象”命令，将照片文件转换为智能对象（图7-57）。

3. 再在菜单栏单击“滤镜——渲染——镜头光晕”命令，在打开的“镜头光晕”对话框中设置“亮度”为135，“镜头类型”为“电影镜头”（图7-58）。

4. 设置完成后单击“确定”按钮（图7-59）。

图7-58　镜头光晕

图7-57　转换智能对象

图7-59　镜头光晕效果

5. 在“图层”控制面板中单击“创建新的填充或调整图层”按钮，在弹出的菜单中选择“渐变映射”命令，在打开的“渐变映射”对话框中单击“渐变条”，在“渐变编辑器”中设置蓝色（R60、G122、B250）到白色的渐变（图7-60）。

6. 设置完成后单击“确定”按钮（图7-61）。

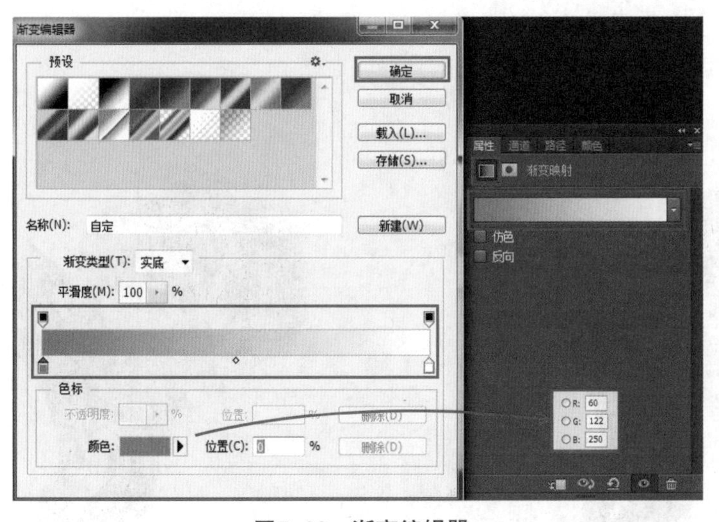

图7-60 渐变编辑器

图7-61 渐变效果

7. 在“图层”控制面板中设置“图层混合模式”为“叠加”，“不透明度”为49%（图7-62）。

8. 此时增强照片对比修饰完毕（图7-63）。

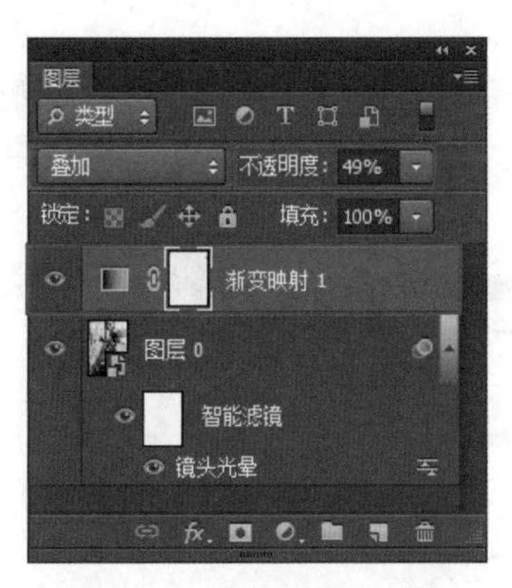

图7-62 设置图层混合模式

图7-63 增强照片对比修饰完毕

7.8 增加皮肤文身

难度等级 ★★★★★

在皮肤上增加文身是时下流行的装饰，文身图案可以在素材网站下载，也可以根据需要绘制，文身图案一般附在人像裸露的皮肤上，如手臂、肩膀、大腿、腰背等部位，形态要与皮肤的起伏一致。增加皮肤文身主要使用“色阶”命令、“移动”工具、“置换”滤镜、“正片叠底”混合模式（图7-64、图7-65）。

图7-64 修饰前的照片

图7-65 修饰后的照片

1. 在菜单栏单击“文件——打开”命令或按快捷键Ctrl+O打开素材光盘中的“素材\第7章\7.8增加皮肤文身”照片。

2. 在菜单栏单击“图像——调整——色阶”命令，在打开的“色阶”对话框中将“阴影控制块”与“高亮控制块”向中间少许拖动（图7-66）。

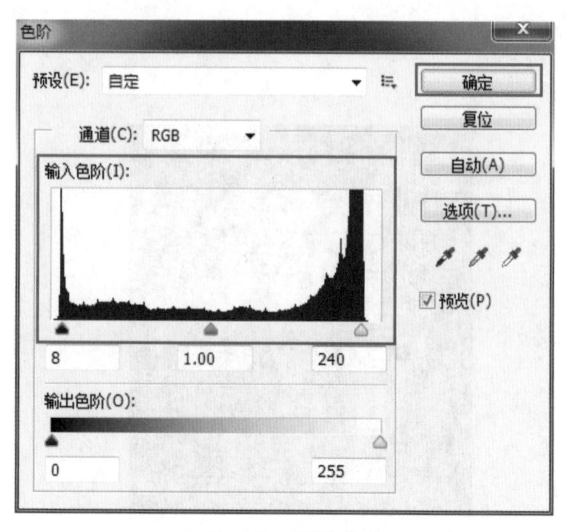

图7-66 调整色阶

3. 设置完成后单击“确定”按钮（图7-67）。

4. 在菜单栏单击“文件——打开”命令或按快捷键Ctrl+O打开素材光盘中的“素材\第7章\7.8文身图案”照片（图7-68）。

5. 选取“工具箱”中的“移动”工具 ，将“7.8文身图案”图片拖到“7.8增加皮肤文身”照片中（图7-69）。

图7-67 调整色阶效果

图7-68 文身图案

图7-69 将文身图案拖入人像照片

6. 拖动完成后，按快捷键Ctrl+T自由变换，拖动控制点将图片缩小并旋转（图7-70）。调整完成后按Enter键确定。

图7-70 自由变换

7. 按住Ctrl键并单击“图层1”的缩略图，调出“图层1”的选区，再选择“背景图层”，按快捷键Ctrl+C复制选区内的图像（图7-71）。

图7-71 复制选区图像

8. 按快捷键Ctrl+N打开“新建”对话框，设置“名称”为“置换文件”，其余选项不改变（图7-72）。

9. 设置完成后，单击“确定”按钮，在新建的空白文件中按快捷键Ctrl+V粘贴（图7-73）。

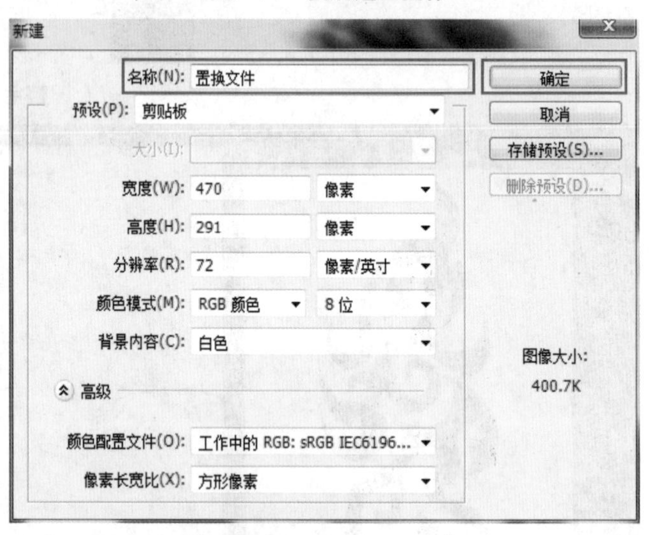

图7-72 新建置换文件

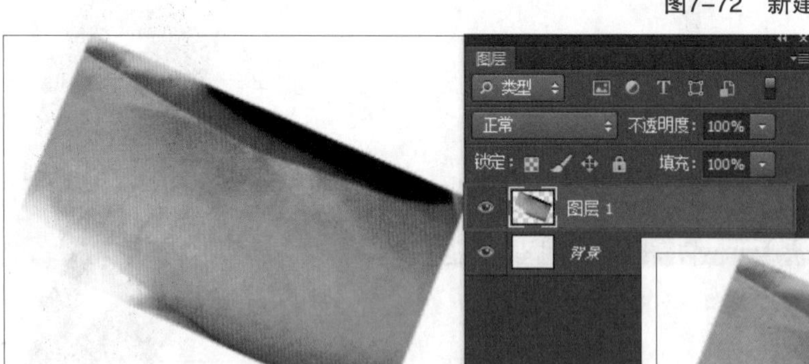

图7-73 粘贴图片

10. 按快捷键Ctrl+Shift+U将图片去色（图7-74）。

图7-74 去色

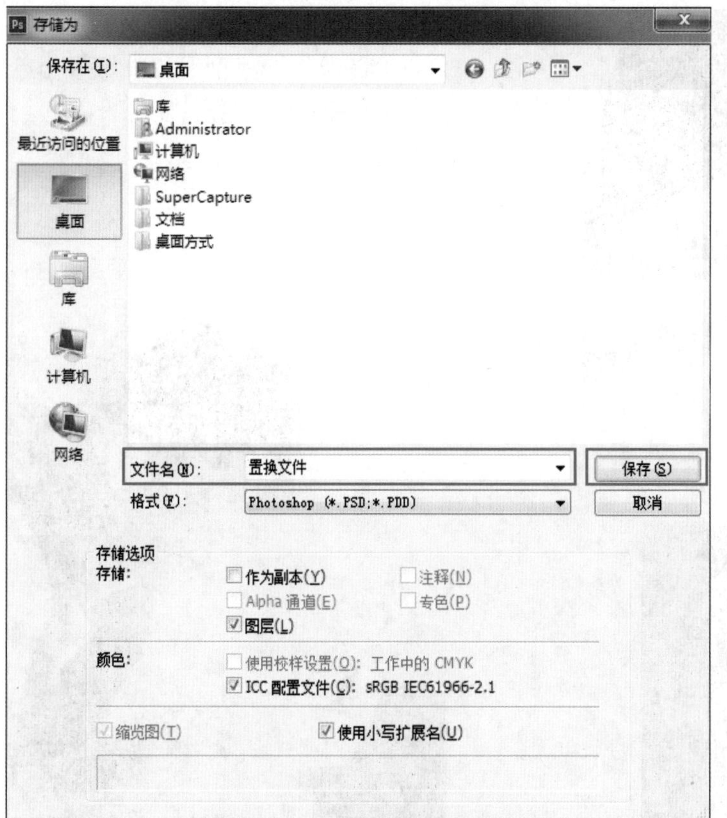

图7–75　保存置换文件

11. 按快捷键Ctrl+S将图片进行保存，“图片格式”设置为“PSD”（图7–75）。

12. 单击“确定”按钮完成储存，将“置换文件”关闭，选择“图层1”，在菜单栏单击“滤镜——扭曲——置换”命令，不调节任何参数（图7–76）。

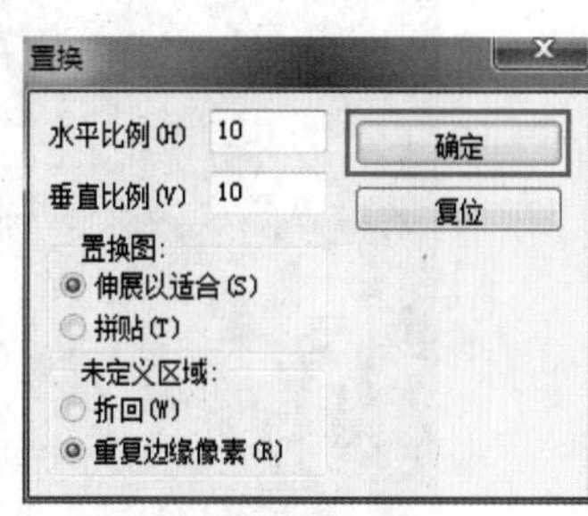

图7–76　保存设置

13. 点击“确定”按钮，在打开的“选取一个置换图”对话框中找到我们之前存的“置换文件”（图7–77）。

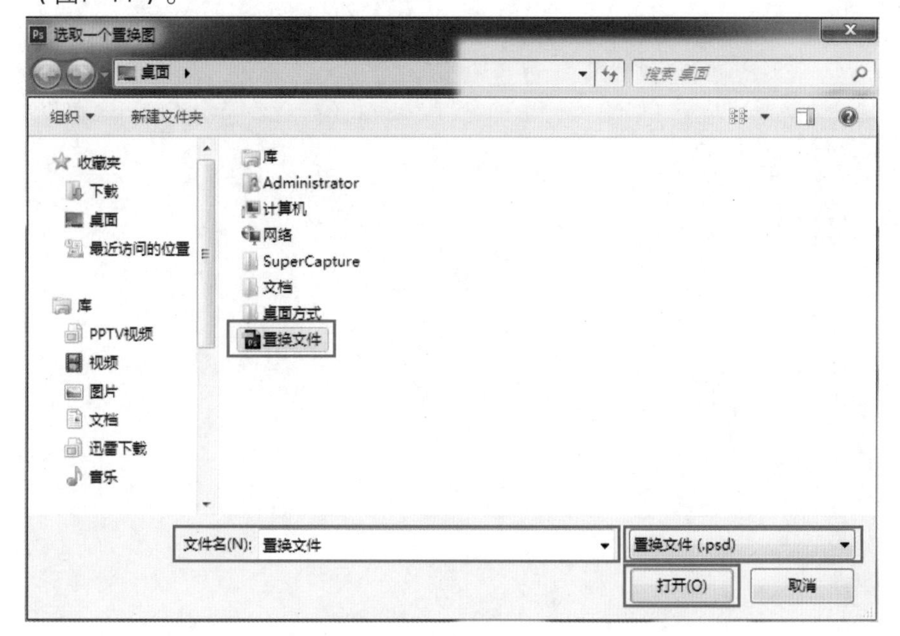

图7–77　打开置换文件

图7-78　输入置换文件

图7-79　设置图层混合模式

14. 单击“确定”按钮（图7-78）。

15. 在“图层”控制面板设置“图层混合模式”为“正片叠底”（图7-79）。

16. 设置完成后，增加皮肤文身修饰完毕（图7-80）。

图7-80　增加皮肤文身修饰完毕

第8章 人像照片艺术加工

艺术加工是对人像照片的二次创新，除了前章节内容介绍的修饰方法外，还需要对人像照片作进一步处理，提升照片的艺术魅力，将平淡的记录提升为艺术创作。一般而言，对同一批多张人像照片，只挑选几张具有代表性的照片进行艺术加工，这样能体现艺术加工的韵味与质量。

8.1 转变绘画效果

难度等级 ★★★★☆

将人像照片转变成绘画效果，能体现照片的艺术价值与观赏趣味，一改传统写实的模式。PhotoshopCS中的滤镜效果丰富，可以根据需要来选用。转变绘画效果适用于色彩饱和的人像照片，主要使用“智能”滤镜、“查找边缘”滤镜、“影印”滤镜、“喷溅”滤镜、图层混合模式（图8–1、图8–2）。

图8–1 修饰前的照片

图8–2 修饰后的照片

1. 在菜单栏单击“文件——打开”命令或按快捷键Ctrl+O打开素材光盘中的“素材\第8章\8.1转变绘画效果”照片。

2. 复制“背景”图层，得到“背景副本”，在菜单栏单击“滤镜——转换为智能对象”命令，将图层转换为智能对象（图8–3）。

图8–3 复制背景图层

3. 再在菜单栏单击“滤镜——风格化——查找边缘”命令，效果即发生变化（图8-4）。

4. 在“图层”控制面板将“图层混合模式”设置为“柔光”（图8-5）。

5. 复制“背景”图层，得到“背景副本2”图层，将“背景副本2”图层拖动到所有图层的最上面，在菜单栏单击“滤镜——转换为智能对象”命令，将图层转换为智能对象，将“前景色”设置为黑色、“背景色”设置为白色（图8-6）。

图8-4 使用滤镜效果

图8-5 设置图层混合模式

图8-6 复制背景图层

6. 在菜单栏单击“滤镜——滤镜库”命令，打开的“滤镜库”对话框，选择“素描——影印”，设置“细节”为2、“暗度”为23，设置完成后单击“确定”按钮（图8-7）。

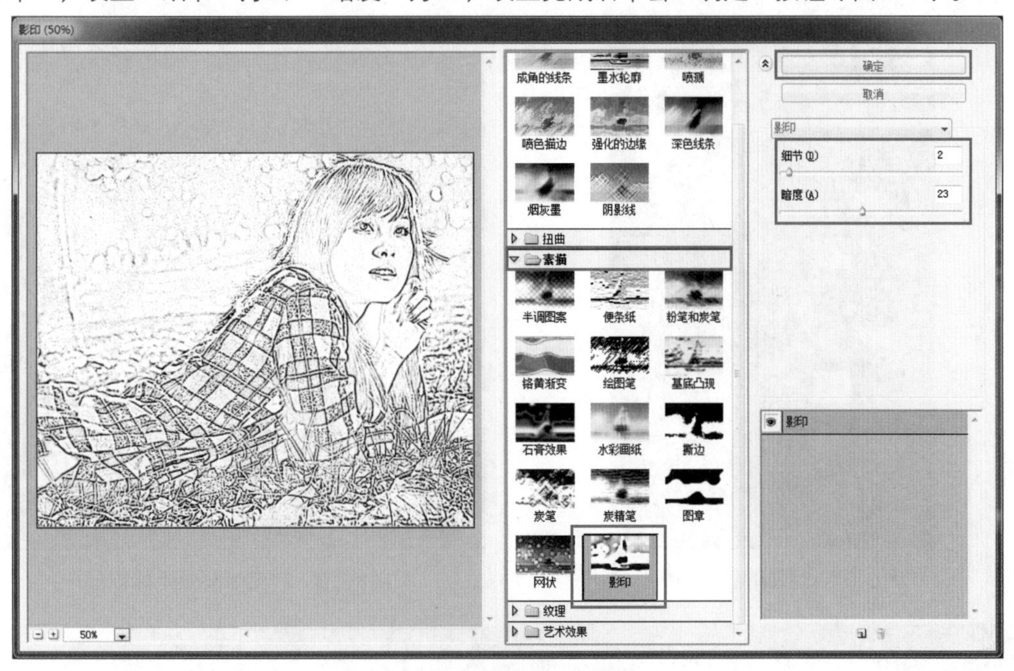

图8-7 选用素描滤镜

7. 设置完成后，单击“确定”按钮，再在菜单栏单击“滤镜——滤镜库”命令，在打开的“滤镜库”对话框中选择“画笔描边——喷溅”，设置“喷色半径”为13、“平滑度”为11，设置完成后单击“确定”按钮（图8-8）。

图8-8 选用画笔描边滤镜

8. 在“图层”控制面板将“图层混合模式”设置为“颜色加深”、“不透明度”为27%（图8-9）。

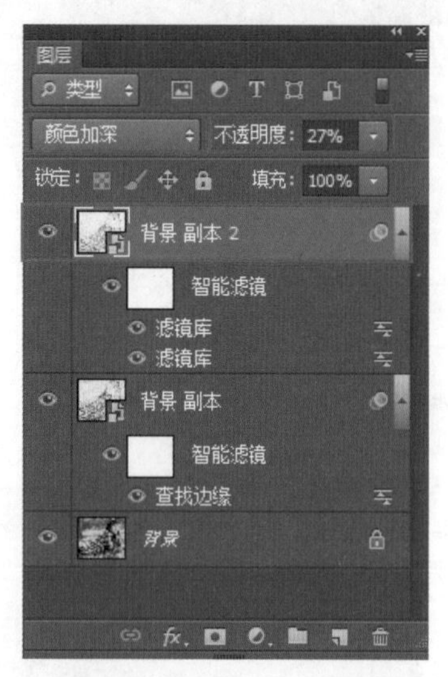

图8-9　设置图层混合模式

9. 设置完成后，转变绘画效果修饰完毕（图8-10）。

图8-10　转变绘画效果修饰完毕

8.2　局部表现效果

难度等级 ★★★☆☆

局部表现效果是指修饰照片中一部分图像，或是人像，或是背景，或是器物。经过修饰的局部色彩效果应显得更平淡，能衬托出未修改的图像，突出照片中心，具有很强的文艺风格。局部表现效果主要使用“快速选择”工具、“色相/饱和度”命令、“多边形套索”工具（图8-11、图8-12）。

图8-11　修饰前的照片

图8-12　修饰后的照片

1. 在菜单栏单击“文件——打开”命令或按快捷键Ctrl+O打开素材光盘中的“素材\第8章\8.2局部表现效果”照片。

2. 选取“工具箱”中的“快速选择”工具，在吉他上拖动创建选区（图8-13）。

3. 在工具属性栏中单击“从选区中减去”按钮，再在人物手指、衣服等处拖动，去除多选的部分，使选区更加精确（图8-14）。

图8-13 创建选区

图8-14 剪去选区

4. 调整完选区后，按快捷键Ctrl+Shift+I将选区进行反选，在“图层”控制面板中单击“创建新的填充或调整图层”按钮，在弹出的菜单中选择“色相/饱和度”命令（图8-15）。

5. 在打开的“色相/饱和度”调板中勾选“着色”，设置“色相”为0、“饱和度”为25、“明度”为0（图8-16），完成后照片变色（图8-17）。

纯色...
渐变...
图案...
亮度/对比度...
色阶...
曲线...
曝光度...
自然饱和度...
色相/饱和度...
色彩平衡...
黑白...
照片滤镜...
通道混合器...
颜色查找...
反相
色调分离...
阈值...
渐变映射...
可选颜色...

图8-15 选择“色相/饱和度”命令

属性 通道 路径 颜色
色相/饱和度
预设：自定
全图
色相：0
饱和度：25
明度：0
着色

图8-16 设置“色相/饱和度”参数

图8-17 照片变色

特别提示

在PhotoshopCS中调整色彩主要使用“色相/饱和度”命令，可以用来改变图像的色彩，但是修改的幅度不宜过大，否则会显得不真实。色相是指色彩的名称、种类，如红色、黄色、绿色、蓝色等，在调节过程中可以将红色变为蓝色，将绿色变为紫色等。饱和度是控制图像色彩的浓淡程度，类似计算机显示器或电视机中的色彩调节功能。改变的同时下方的色谱也会跟着改变。调至最低的时候图像就变为灰度图像了，对灰度图像改变色相是没有作用的。明度又称为亮度，类似计算机显示器或电视机中的亮度调节功能。如果将明度调至最低会得到黑色，调至最高会得到白色。对黑色与白色改变色相或饱和度都没有效果。

6. 在“图层”控制面板中单击“创建新图层”按钮，新建图层1并将其填充为“黑色”，选取“工具箱”中的“多边形套索”工具，在工具属性栏中设置“羽化”为35像素，在图中创建选区（图8-18）。

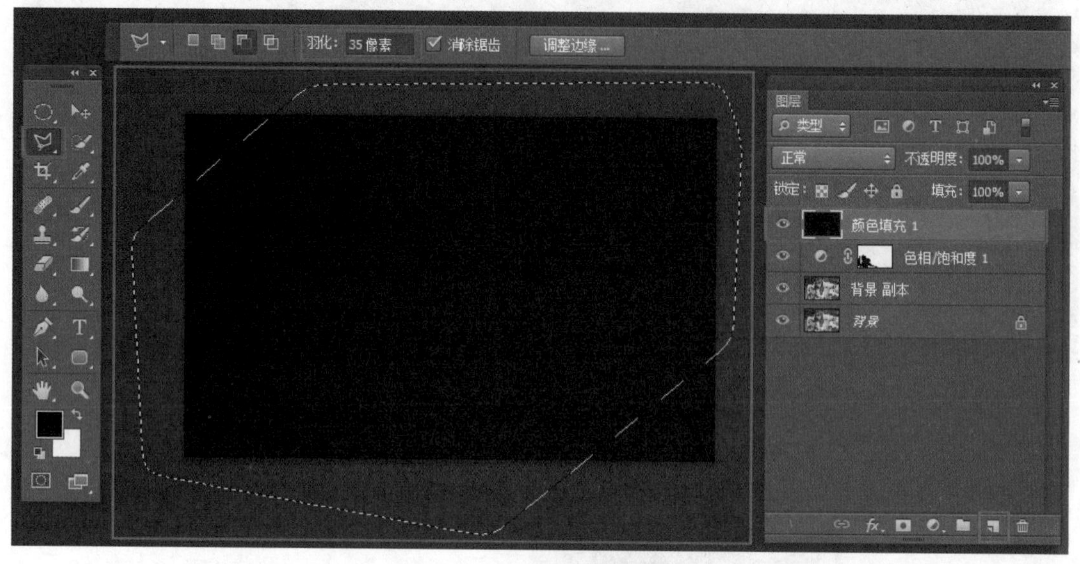

图8-18　选用多边形套索工具

7. 按Delete键将选区内的图像删除，再按快捷键Ctrl+D键取消选区，局部表现效果修饰完毕（图8-19）。

图8-19　局部表现效果修饰完毕

8.3　加亮夜景灯光

难度等级 ★★★☆☆

拍摄夜景人像时，往往会打开闪光灯，但是闪光灯的有效距离一般在5m以内，虽然人像照亮了，但是背景确很暗，甚至背景有灯光也显得灰淡。加亮夜景灯光能保持人像亮度，提升人像背后的夜景灯光，主要使用图层混合模式与“橡皮擦”工具（图8-20、图8-21）。

1. 在菜单栏单击“文件——打开”命令或按快捷键Ctrl+O打开素材光盘中的“素材\第8章\8.3加亮夜景灯光”照片。

2. 将“背景”图层复制，得到“背景副本”图层（图8-22）。

图8-20 修饰前的照片

图8-21 修饰后的照片

3. 在“图层”控制面板中设置“图层混合模式”为“颜色减淡”（图8-23）。

图8-22 复制背景图层

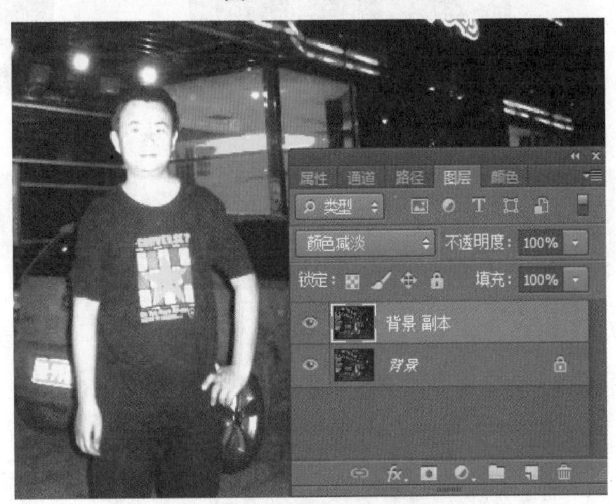

图8-23 设置图层混合模式

4. 设置完成后，灯光加亮了，但照片人物也太过亮了。在“图层”控制面板中单击“添加蒙版”按钮，为“背景副本”图层添加蒙版，将“前景色”设置为白色，“背景色”设置为黑色，选取“工具箱”中的“橡皮擦”工具在人物身上涂抹（图8-24）。

5. 经过仔细涂抹后，人像亮度保持不变（图8-25）。

图8-24 添加蒙版并用橡皮擦涂抹

图8-25 涂抹后的效果

6. 将“背景副本”图层复制，得到“背景副本2”图层，设置“图层混合模式”为“颜色减淡”、“不透明度”为52%（图8-26）。

7. 设置完成后，加亮夜景灯光修饰完毕（图8-27）。

图8-26 复制背景副本图层并设置图层混合模式

图8-27 加亮夜景灯光修饰完毕

8.4 仿制怀旧效果

难度等级 ★★★★★

旧照片能激发人的美好回忆，挑选一些具有代表性的照片，将其修饰为怀旧效果具有很强的历史沧桑感，能产生别具一格的视觉效果。仿制怀旧效果主要使用图层混合模式、“颗粒”滤镜、“便条纸”滤镜、“变形”命令、“渐变”工具等（图8-28、图8-29）。

图8-28 修饰前的照片

图8-29 修饰后的照片

1. 在菜单栏单击“文件——打开”命令或按快捷键Ctrl+O打开素材光盘中的“素材\第8章\8.4仿制怀旧效果”照片。

2. 在菜单栏单击“图像——调整——色相／饱和度”命令，在打开的“色相／饱和度”对话框中设置“色相”为60、“饱和度”为23、“明度”为6（图8–30）。设置完成后，单击“确定”按钮，效果发生变化（图8–31）。

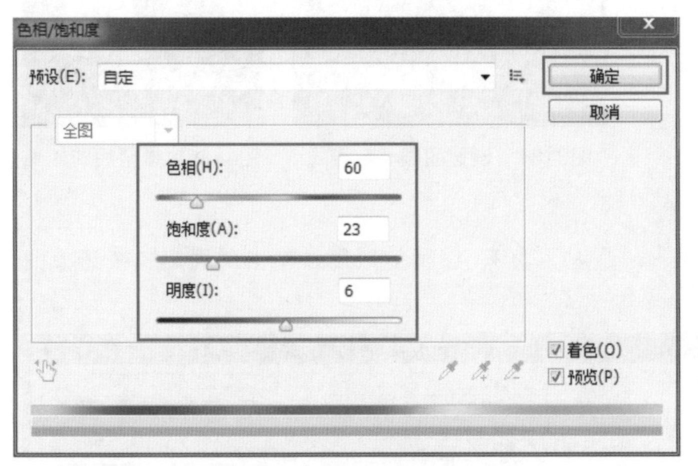

图8–30 调整色相／饱和度

图8–31 调整后的效果

图8–32 创建新图层并填充黑色

3. 将“前景色”设置为“黑色”，在“图层”控制面板中单击“创建新图层”按钮，得到“图层1”，按快捷键Alt+Delete将前景色填充到图层1中（图8–32）。

4. 在菜单栏单击“滤镜——滤镜库”命令，在打开的“滤镜库”对话框中选择“纹理——颗粒”、设置“强度”为53、“对比度”为53、“颗粒类型”为“垂直”，设置完成后，单击“确定”按钮（图8–33）。

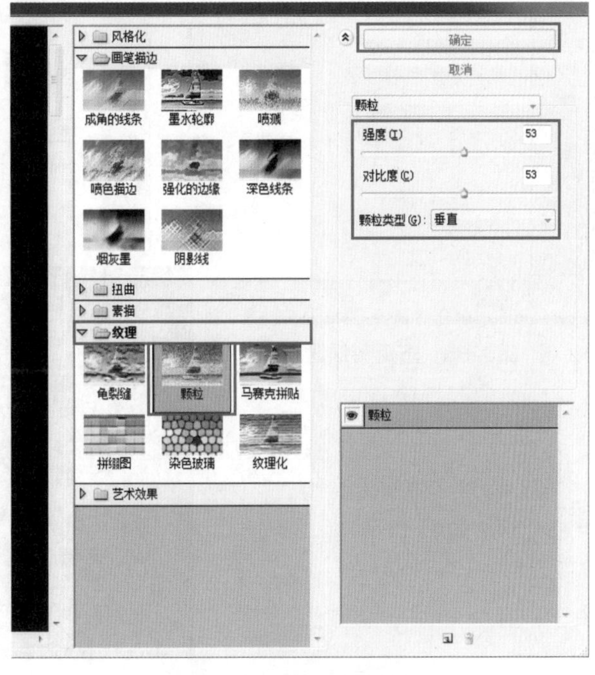

图8–33 选用纹理滤镜

5. 设置“图层混合模式”为“叠加”、“不透明度”为72%，将“图层1”复制得到“图层1副本”图层（图8-34），此时照片效果具有变化（图8-35）。

6. 将“背景”复制得到“背景副本”图层，并将其拖至其他图层上面，在菜单栏单击“滤镜——滤镜库”命令，在打开的“滤镜库”对话框中选择“素描——便条纸”，设置“图像平衡”为12、“粒度”为6、“凸现”为9，设置完成后，单击“确定”按钮（图8-36）。

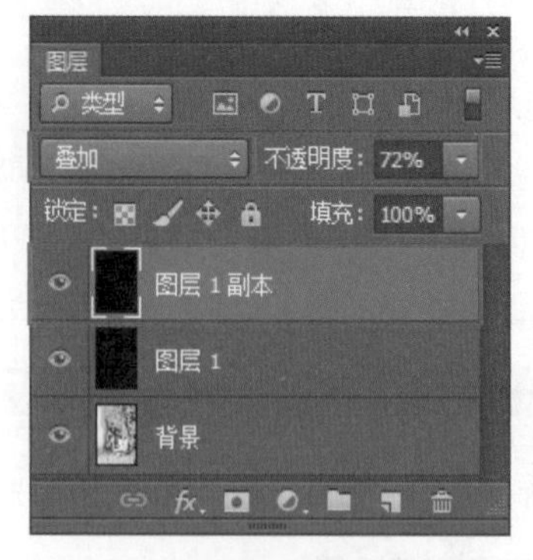

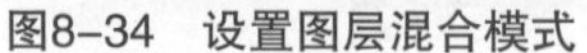

图8-34　设置图层混合模式

图8-35　设置后的效果

图8-36　选用素描滤镜

7. 设置“图层混合模式”为“叠加”（图8-37、图8-38）。

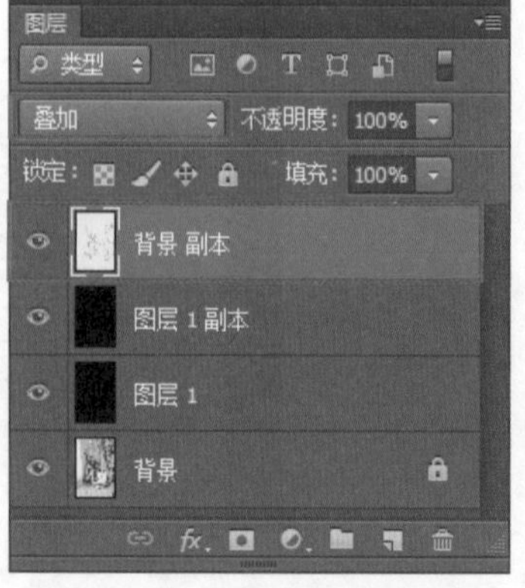

图8-37　设置图层混合模式

图8-38　设置后的效果

8. 选择“背景”图层，选取“工具箱”中的“矩形选框”工具，在工具属性栏中选择“添加到选取”模式，设置“羽化”为35像素，在照片中绘制两个选区（图8-39）。

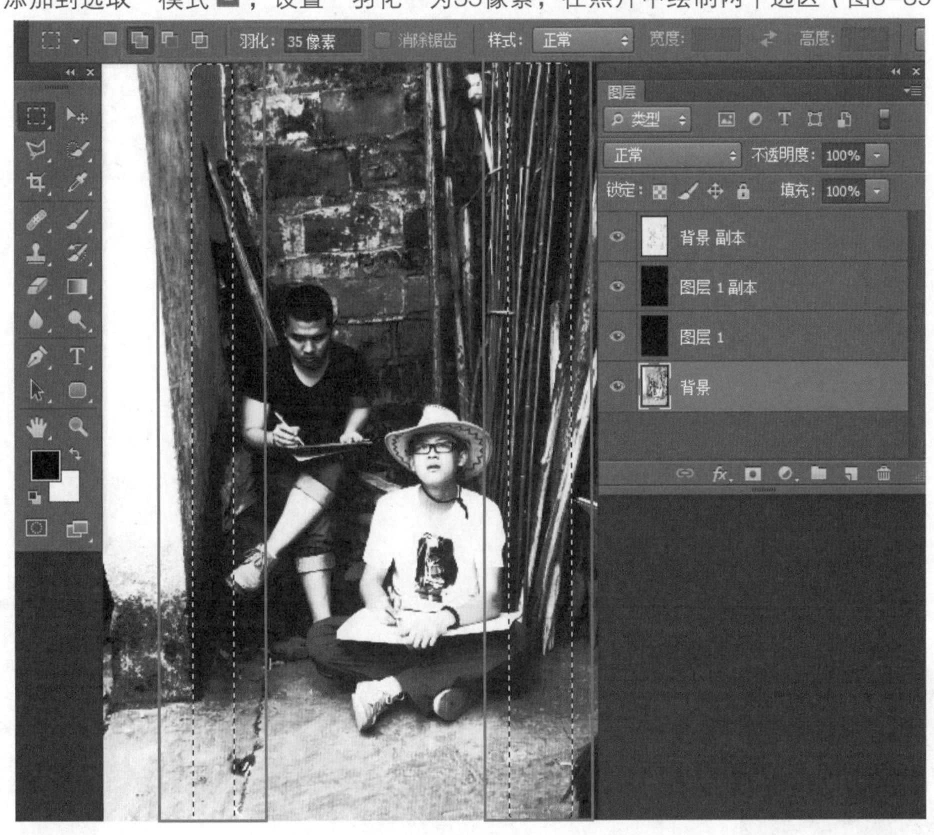

图8-39 创建选区并羽化

9. 按快捷键Ctrl+J复制选区内图像，得到“图层2”，将其拖至顶层，设置“图层混合模式”为“颜色减淡”、“不透明度”为52%（图8-40、图8-41）。

10. 在菜单栏单击“滤镜——滤镜库”命令，在打开的“滤镜库”对话框中选择“纹理——颗粒”，设置“强度”为73、“对比度”为61、“颗粒类型”为“垂直”。设置完成后，单击“确定”按钮（图8-42、图8-43）。

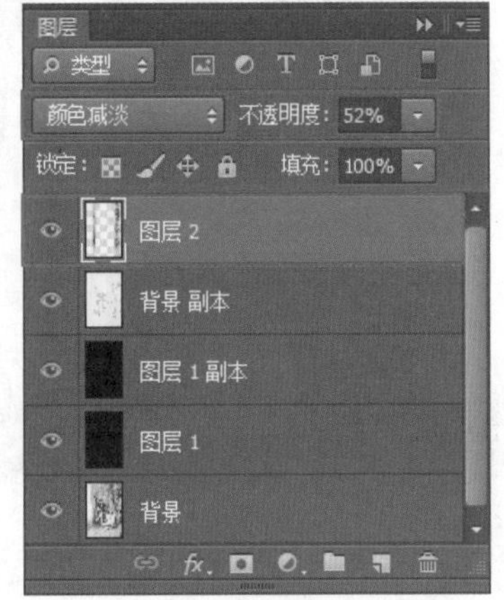

图8-40 复制图层并设置图层混合模式

图8-41 设置后的效果

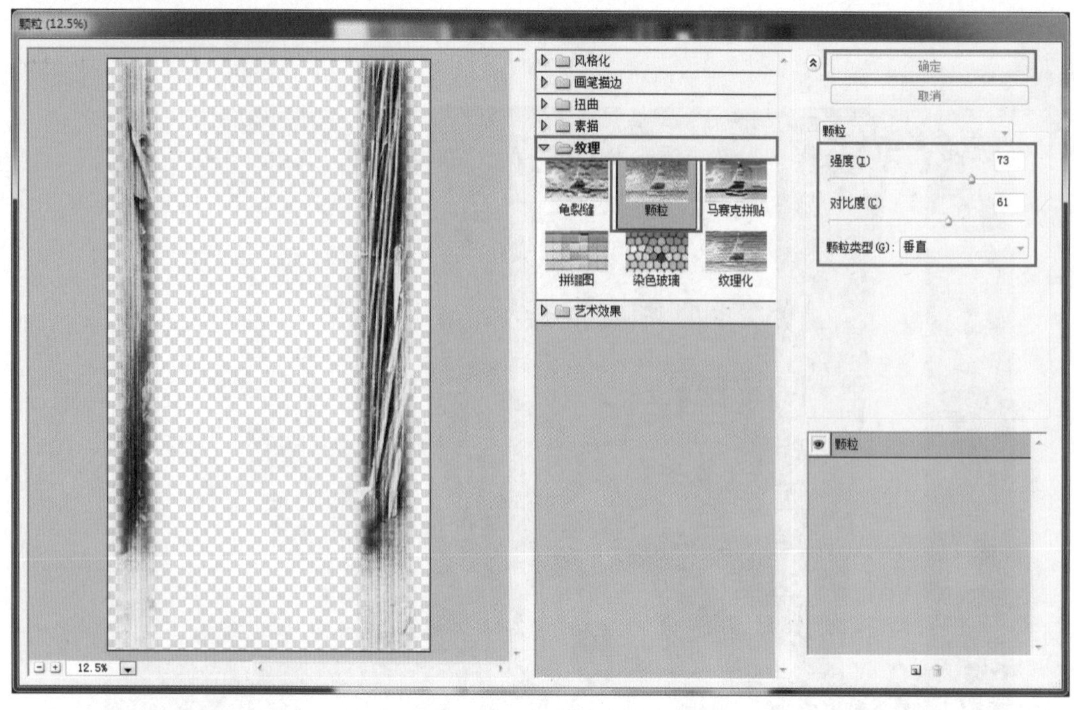

图8-42　选用纹理滤镜

图8-43　设置滤镜后的效果

11. 按快捷键Ctrl+Shift+Alt+E将图层中的图像进行盖印，将图层命名为“照片”（图8-44）。

12. 按快捷键Ctrl+T自由变换，拖动控制点缩小图像（图8-45）。

13. 按Enter键确定，按住Ctrl键并单击“照片”图层的缩略图调出选区，在工具栏中单击“以快速蒙版模式进行编辑”按钮■，进入快速蒙版模式（图8-46）。

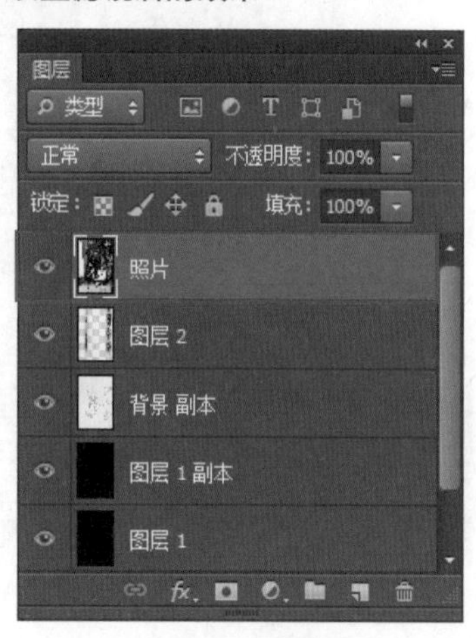

图8-44　将图层命名

图8-45　缩小变换

图8-46　设置快速蒙版

14. 在菜单栏单击“滤镜——滤镜库”命令，在打开的“滤镜库”对话框中选择“画笔描边——喷溅”，设置“喷色半径”为9、“平滑度”为5，设置完成后单击“确定”按钮（图8-47、图8-48）。

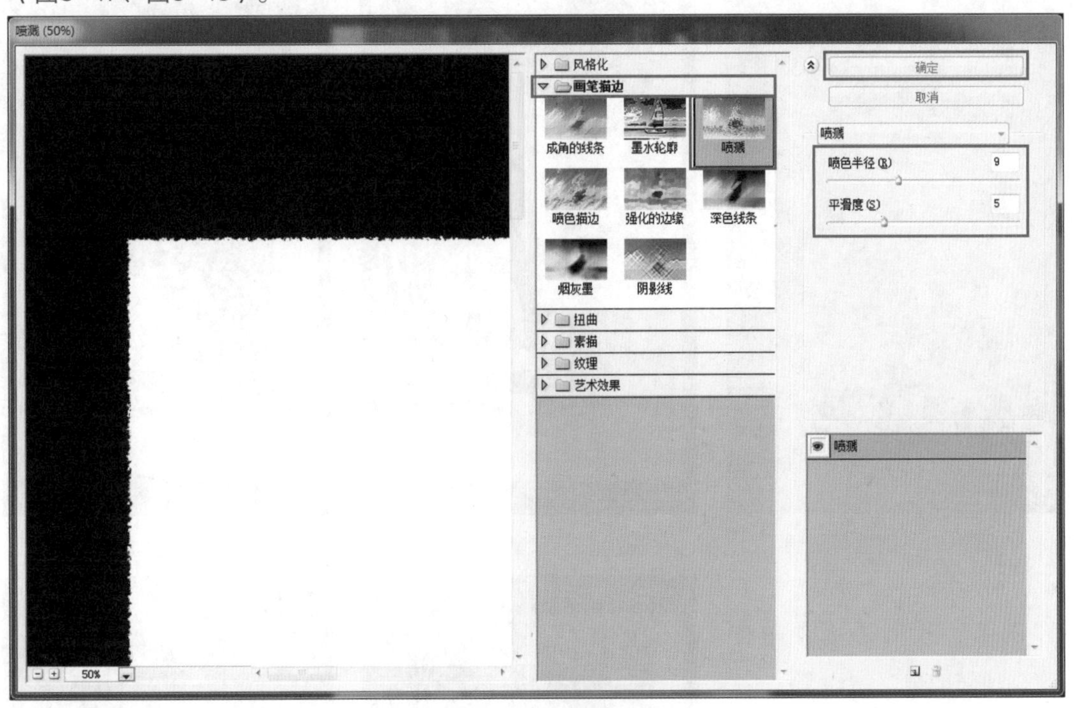

图8-47　选用画笔描边滤镜

15. 单击“以标准模式编辑”按钮，在菜单栏单击“编辑——描边”命令，在打开的“描边”对话框中设置“宽度”为62像素、“颜色”为白色、“位置”为内部、“模式”为正常、“不透明度”为53（图8-49），设置完成后单击“确定”按钮（图8-50）。

图8-48　设置后的效果

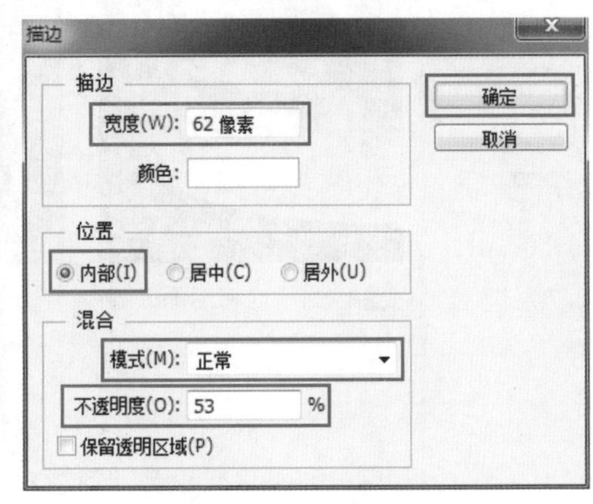

图8-49　选用描边命令

图8-50　描边后的效果

16. 按快捷键Ctrl+D取消选区，在“图层”控制面板中单击“创建新图层”按钮，得到“图层3”，选取“工具箱”中的“渐变”工具，自定渐变颜色，点击“径向渐变”按钮，在“图层3”中填充1个径向渐变色（图8-51、图8-52）。

17．选择“照片”图层，在菜单栏单击“编辑——变换——变形”命令，在图像中拖动控制点对其进行变形（图8-53、图8-54）。

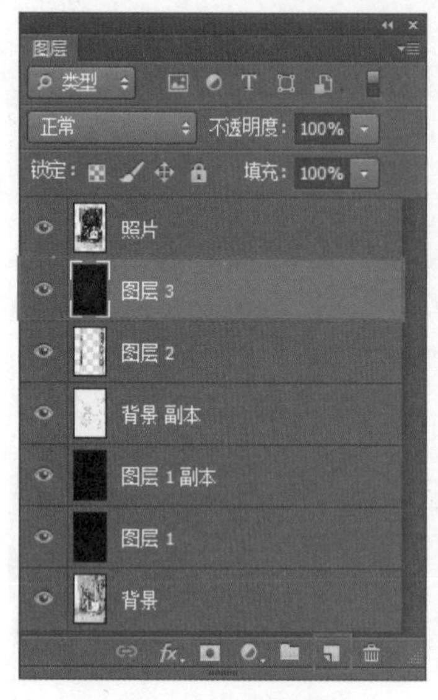

图8-51　创建新图层

图8-52　设置后的效果

图8-53　变形操作

18．按Enter键确定，在“图层”控制面板中单击“创建新图层”按钮，得到“图层4”，选取“工具箱”中的“多边形套索工具”工具，绘制阴影选区并填充黑色，在“图层控制面板”中设置“不透明度”为62%（图8-55）。

图8-54　变形后的效果

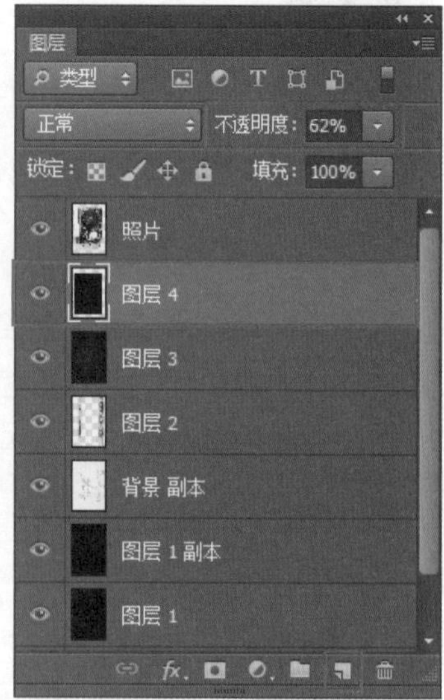

图8-55　创建新图层

19．按快捷键Ctrl+D取消选区，选择“照片”图层，在菜单栏单击“滤镜——杂色——添加杂色”命令，在打开的“添加杂色”对话框中设置“数量”为16.57、分布为“平均分布”、单击“单色”勾选框，设置完成后单击“确定”按钮（图8-56）。

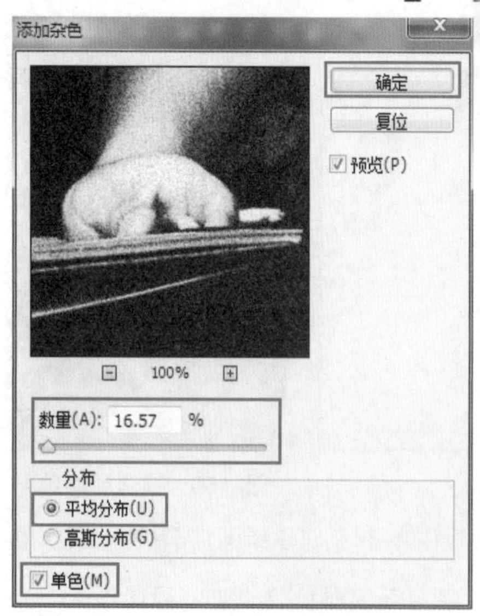

图8-56　添加杂色

20. 在“图层”控制面板中单击“创建新图层”按钮，得到“图层5”，选取“工具箱”中的“多边形套索工具”工具，绘制选区，并填充白色，在“图层控制面板”中设置“图层混合模式”为“叠加”、“不透明度”为75%（图8-57、图8-58）。

21. 按快捷键Ctrl+D取消选区，在“图层”控制面板中单击“创建新的填充或调整图层”按钮，在弹出的菜单中选择“自然饱和度”命令，在打开的“自然饱和度”面板中设置“自然饱和度”为-51、“饱和度”为-10（图8-59）。

图8-57 创建选区

图8-58 设置图层混合模式

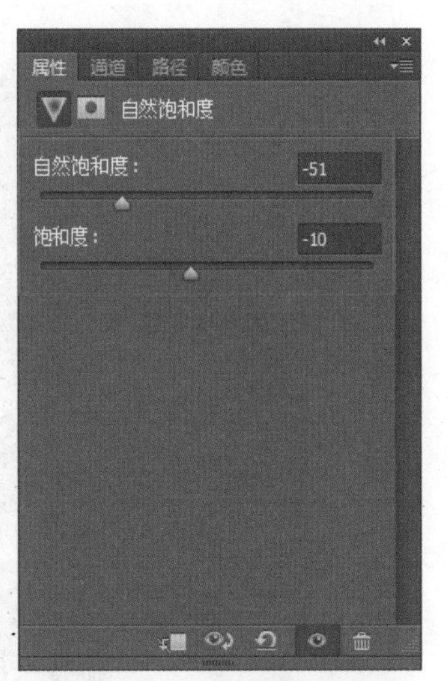

图8-59 设置自然饱和度

22. 调整完成后，仿制怀旧效果修饰完毕（图8-60）。

图8-60 仿制怀旧效果修饰完毕

8.5 模拟影楼效果

难度等级 ★★★★☆

影楼效果也属于一种怀旧、复古风格，特征是清晰、冷色调，凸出人像主体，周边环境与背后配景显得很平淡，甚至平面化。也可以认为模拟影楼效果表现的是岁月感，主要使用图层混合模式、“渐变映射”命令、“照片”滤镜（图8–61、图8–62）。

图8–61 修饰前的照片

图8–62 修饰后的照片

1. 在菜单栏单击“文件——打开”命令或按快捷键Ctrl+O打开素材光盘中的“素材\第8章\8.5模拟影楼效果”照片。

2. 在“图层”控制面板中单击“创建新的填充或调整图层”按钮，在弹出的菜单中选择“渐变映射”命令，（图8–63）。

3. 在打开的“渐变映射”调板中单击“渐变条”（图8–64），打开“渐变编辑器”对话框，设置“从蓝色

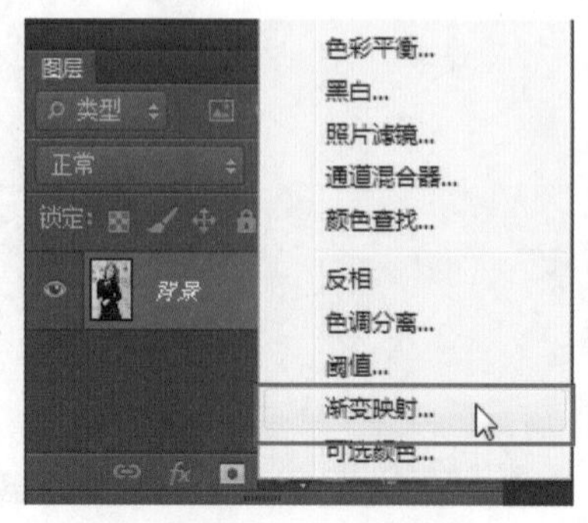

图8–63 选用渐变映射命令

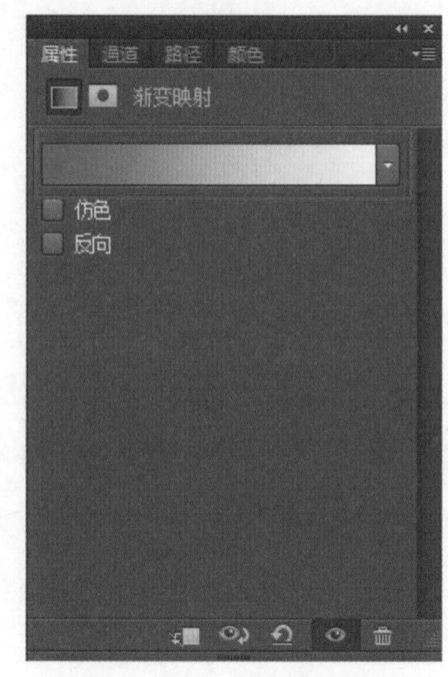

图8–64 调节渐变映射颜色

到白色”的渐变，单击“确定”按钮，照片色彩效果发生变化（图8-65、图8-66）。

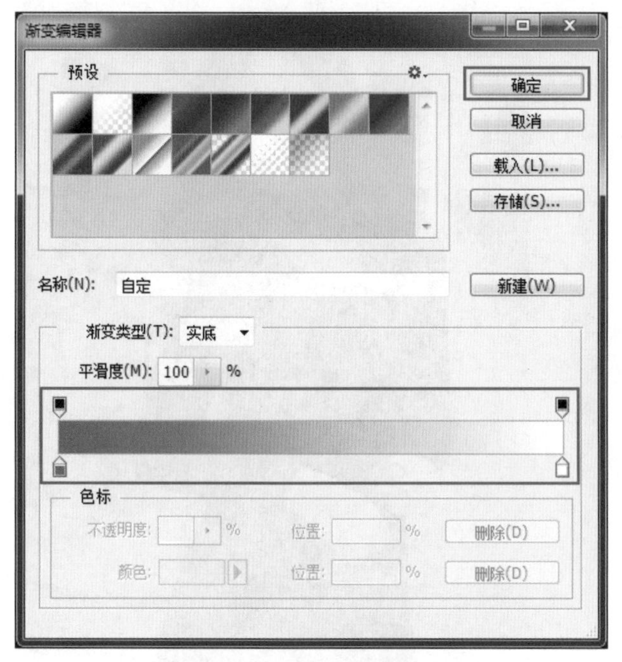

图8-65 调节渐变编辑器

图8-66 设置后的效果

4. 在“图层控制面板”中设置“图层混合模式”为“正片叠底”、“不透明度”为83%（图8-67）。

5. 在“图层”控制面板中单击“创建新的填充或调整图层”按钮，在弹出的菜单中选择“照片滤镜”命令，在打开的“照片滤镜”调板中设置“滤镜”为“水下”、“浓度”为79%，单击“保留明度”勾选框（图8-68）。

6. 在“图层控制面板”中设置“图层混合模式”为“叠加”，“不透明度”为45%（图8-69）。

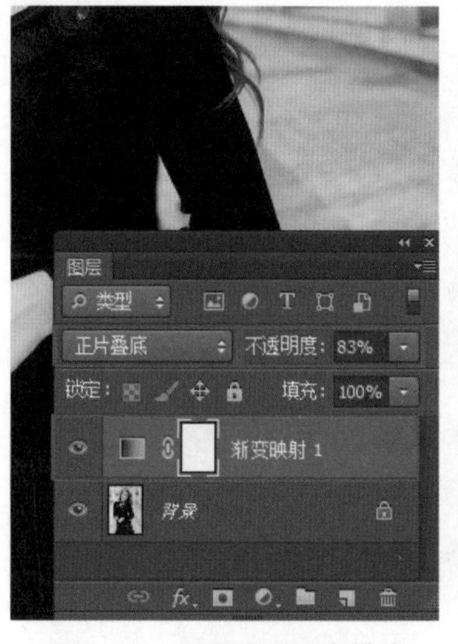

图8-67 设置图层混合模式

图8-68 设置照片滤镜

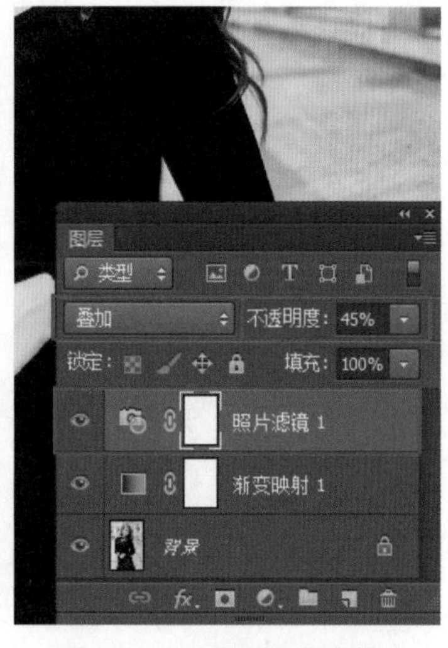

图8-69 设置图层混合模式

7. 设置完成后，模拟影楼效果修饰完毕（图8-70）。

图8-70　模拟影楼效果修饰完毕

8.6 模拟傍晚效果

难度等级
★★★☆☆

傍晚的色调为暖红色，且偏黄，在傍晚拍摄人像能体现出人像主体的恬静、优美，能表现出拍摄对象对生活与未来的憧憬。模拟傍晚效果重在调配出真实的色彩，要有一定的生活体验与洞察力才能把握好，主要使用“照片滤镜”、“色阶”命令（图8-71、图8-72）。

图8-71　修饰前的照片

图8-72　修饰后的照片

1. 在菜单栏单击“文件——打开”命令或按快捷键Ctrl+O打开素材光盘中的“素材\第8章\8.6模拟傍晚效果”照片。

2. 将“背景”图层复制，得到“背景副本”图层，并将“背景副本”图层隐藏，再选择“背景”图层（图8–73）。

3. 在菜单栏单击“图像——调整——照片滤镜”命令，在打开的“照片滤镜”对话框中设置“滤镜”为“加温滤镜（85）”、“浓度”为100%、单击“保留明度”勾选框，设置完成后单击“确定”按钮（图8–74、图8–75）。

4. 在菜单栏单击“图像——调整——色阶”命令，在打开的“色阶”对话框中将“中间调”控制滑块向右拖动（图8–76），设置完成后单击“确定”按钮（图8–77）。

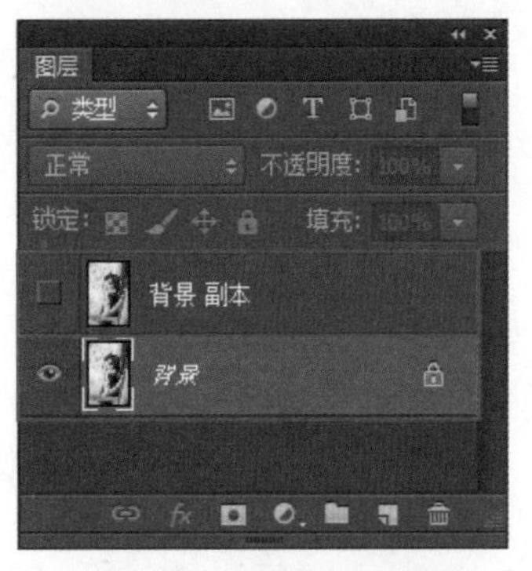

图8–73　复制背景图层

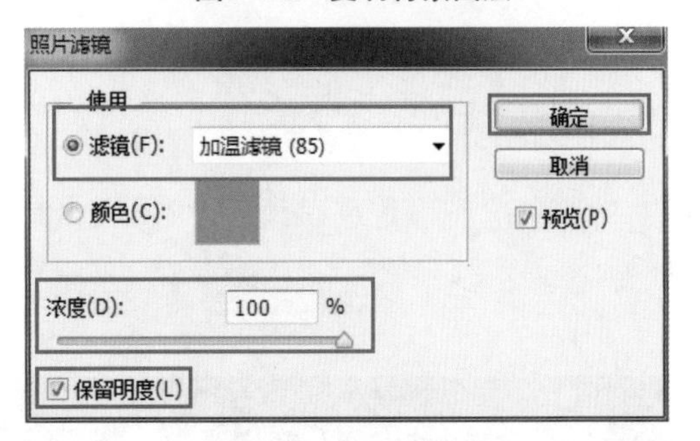

图8–74　设置照片滤镜

图8–75　设置后的效果

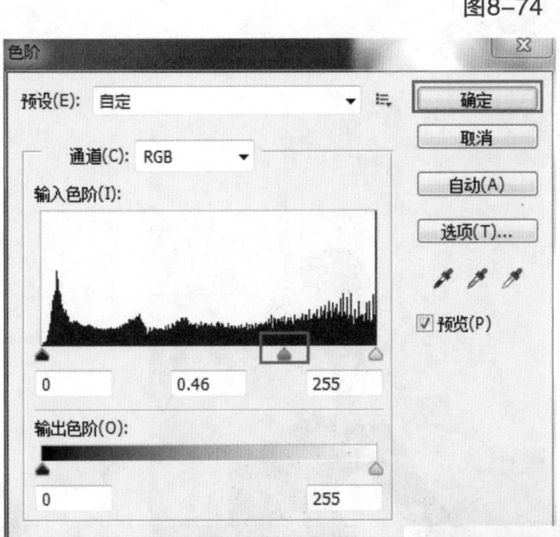

图8–76　设置色阶

图8–77　设置后的效果

5. 选择“背景副本”图层，将其显示，在“图层”控制面板中设置“不透明度”为18%，（图8–78）。

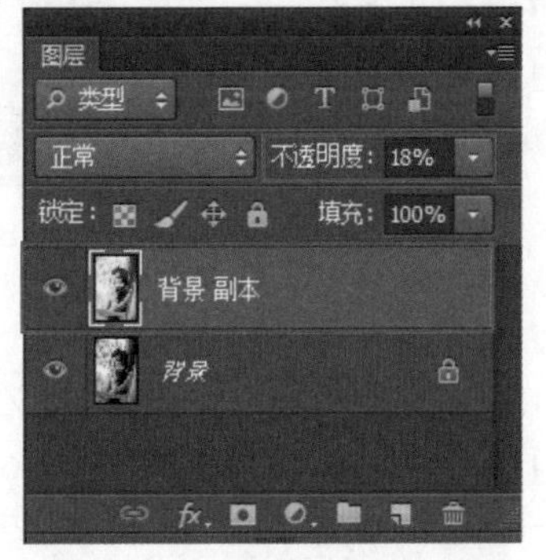

图8–78　设置图层的不透明度

6. 设置完成后，模拟傍晚效果修饰完毕（图8-79）。

图8-79　模拟傍晚效果修饰完毕

8.7　朦胧艺术效果

难度等级 ★★☆☆☆

不一定所有人像照片都要求清晰，朦胧也是一种美，朦胧艺术效果重在表现人像的气质与心灵深处，营造出令人遐想的视觉效果，平视拍摄的照片都很清晰，偶尔走朦胧路线也是一种创新，主要使用“高斯模糊”滤镜、图层混合模式（图8-80、图8-81）。

图8-80　修饰前的照片

图8-81　修饰后的照片

特别提示

现代数码相机很少在镜头上加装各种特效滤镜，也就无法拍摄出各种艺术效果，仅靠数码相机内置的艺术效果模式，很难有所变化。在PhotoshopCS中可以还原传统的特效滤镜效果，而且变化更丰富。人像照片的艺术效果要根据照片特点来设计，PhotoshopCS中现有的滤镜功能可以满足基本需求，如果希望有更多变化，可以到专业设计网站下载滤镜插件安装使用。

1. 在菜单栏单击“文件——打开”命令或按快捷键Ctrl+O打开素材光盘中的“素材\第8章\8.7朦胧艺术效果”照片。

2. 按快捷键Ctrl+J复制“背景”图层，得到“图层1”（图8–82）。

3. 在菜单栏单击“滤镜——模糊——高斯模糊”滤镜，在打开的“高斯模糊”对话框中设置“半径”为8.8（图8–83）。

4. 设置完成后单击“确定”按钮，在“图层”控制面板中设置“图层混合模式”为“亮光”（图8–84），设置完成后，效果即发生变化（图8–85）。

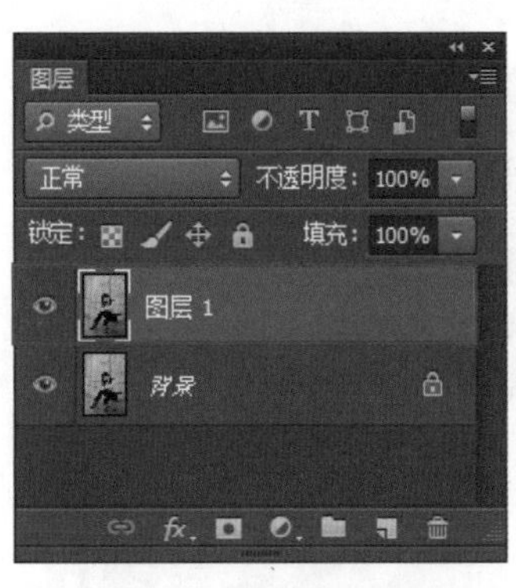

图8–82 复制图层

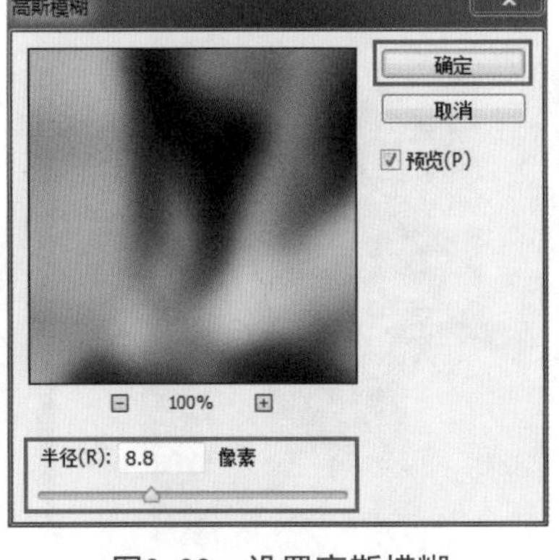

图8–83 设置高斯模糊

图8–84 设置图层混合模式

5. 将“背景”图层复制得到“背景副本”图层，并将其拖至顶层，在“图层”控制面板中设置“图层混合模式”为“饱和度”（图8–86）。

6. 设置完成后，朦胧艺术效果修饰完毕（图8–87）。

图8–85 设置后的效果

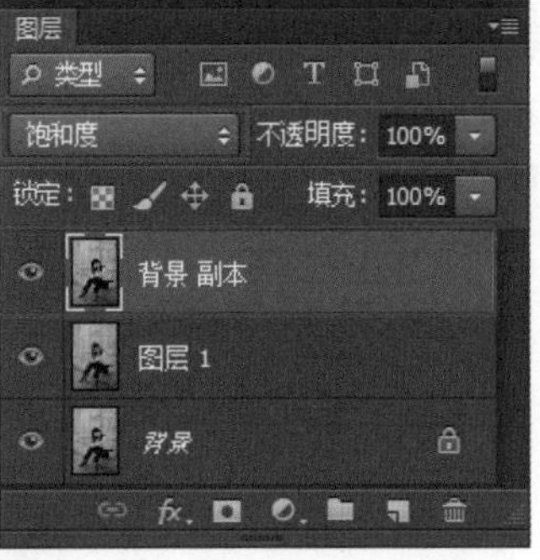

图8–86 复制背景图层

图8–87 朦胧艺术效果修饰完毕

8.8 色调叠加效果

难度等级 ★★★☆☆

色调叠加表现的是若即若离的五彩缤纷效果，色调既丰富又不显得夸张，具有一定梦幻感觉。多种色彩模式混合后要注意适度，过于丰富会显得混乱。色调叠加效果主要使用“高斯模糊”滤镜、图层混合模式、“渐变填充”工具（图8-88、图8-89）。

1. 在菜单栏单击“文件——打开”命令或快捷键Ctrl+O打开素材光盘中的“素材\第8章\8.8色调叠加效果”照片。

2. 将“背景”图层复制，得到“背景副本”图层，在菜单栏单击“滤镜——模糊——高斯模糊”滤镜，在弹出的“高斯模糊”对话框中设置“半径”为31.0（图8-90）。

3. 设置完成后单击“确定”按钮，在“图层”控制面板中设置“图层混合模式”为“强光”（图8-91）。

图8-88 修饰前的照片

图8-89 修饰后的照片

图8-90 设置高斯模糊

4. 将“背景副本”图层复制，得到“背景副本2”图层，在“图层”控制面板中设置“图层混合模式”为“颜色”（图8-92）。

图8-91 复制图层并设置混合模式

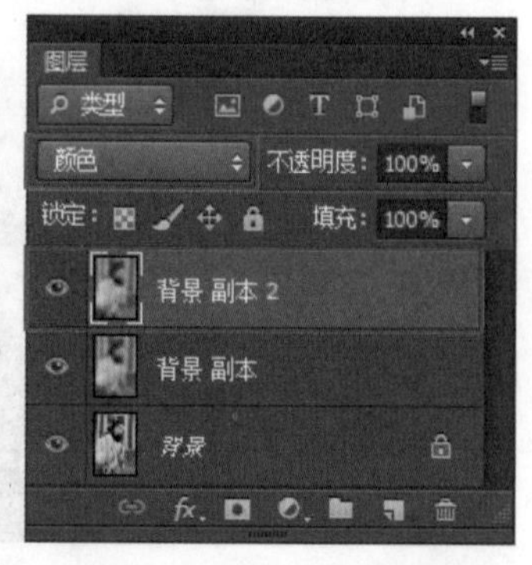

图8-92 复制背景副本图层

5. 在“图层”控制面板中单击“创建新的填充或调整图层”按钮，在弹出的菜单中选择“渐变填充”，在打开的“渐变填充”对话框中设置“样式”为“线性”、“角度”为120.96、“缩放”为75、点击“渐变颜色条”（图8–93）。在打开的“渐变编辑器”对话框中选择预设中的“蓝，红，黄渐变”（图8–94）。

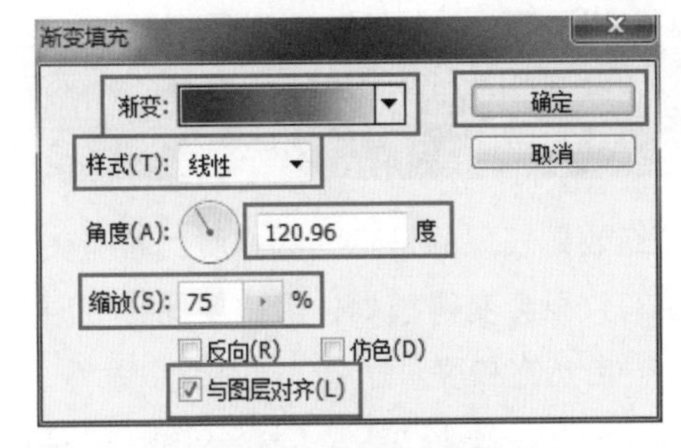

图8–93 设置渐变填充

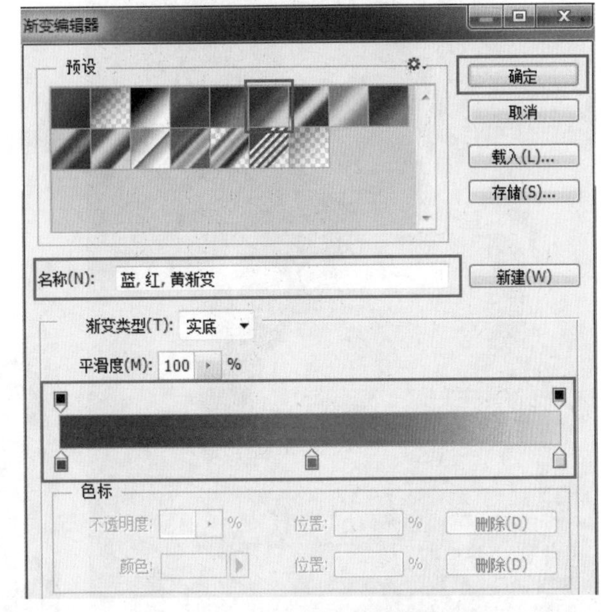

图8–94 设置渐变编辑器

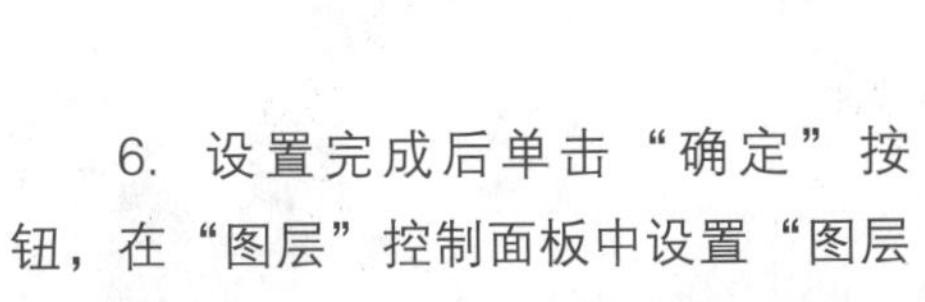

6. 设置完成后单击“确定”按钮，在“图层”控制面板中设置“图层混合模式”为“色相”（图8–95）。

7. 设置完成后，色调叠加效果修饰完毕（图8–96）。

图8–95 设置图层混合模式

图8–96 色调叠加效果修饰完毕

8.9 创造梦幻效果

难度等级 ★★☆☆☆

梦幻效果表现的是隐约的朦胧，富有美好的诗意，使人像显得神秘、高贵，令人遐想。由于梦幻效果会变得模糊，因此要保存好原始文件，不要随意覆盖，主要使用“高斯模糊”滤镜、“自然饱和度”命令、“曲线”命令、图层混合模式（图8-97、图8-98）。

图8-97 修饰前的照片

图8-98 修饰后的照片

1. 在菜单栏单击“文件——打开”命令或按快捷键Ctrl+O打开素材光盘中的“素材\第8章\8.9创造梦幻效果”照片。

2. 将“背景”图层复制，得到“背景副本”图层，在菜单栏单击“滤镜——模糊——高斯模糊”命令，打开“高斯模糊”对话框设置“半径”为2.5（图8-99），设置完成后单击“确定”按钮（图8-100）。

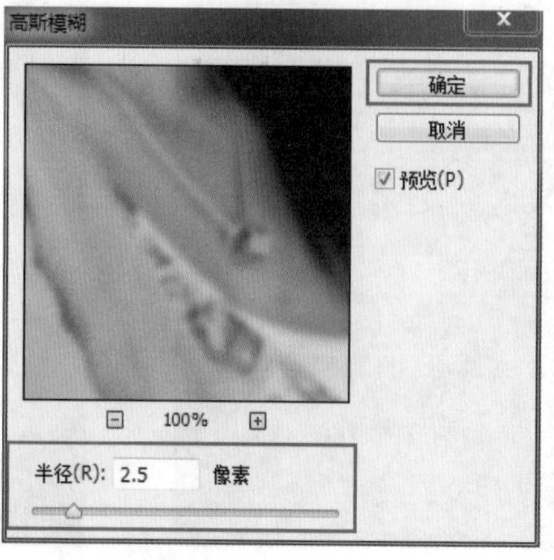

图8-99 设置高斯模糊

图8-100 设置后的效果

3. 在菜单栏单击“图像——调整——自然饱和度”命令，打开“自然饱和度”对话框，中设置“自然饱和度”为0、“饱和度”为+39（图8-101），设置完成后单击“确定”按钮（图8-102）。

4. 在菜单栏单击“图像——调整——曲线”命令，在打开的“曲线”对话框中设置“输出”为132，“输入”为108，设置完成后单击“确定”按钮（图8-103）。

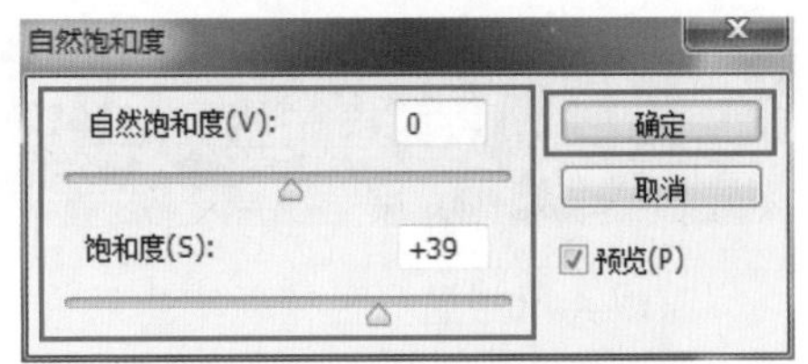

图8-101 设置自然饱和度

图8-102 设置后的效果

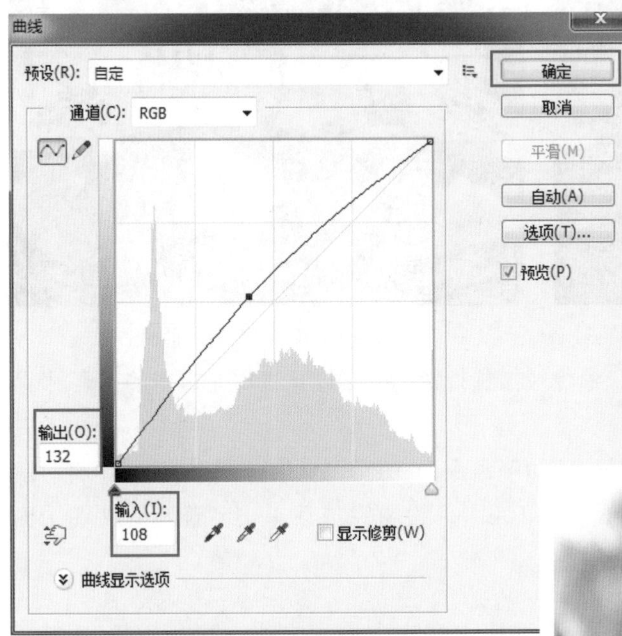

图8-103 设置曲线

5. 在“图层”控制面板中设置“图层混合模式”为“柔光”（图8-104）。

6. 设置完成后，创造梦幻效果修饰完毕（图8-105）。

图8-104 设置图层混合模式

图8-105 创造梦幻效果修饰完毕

8.10 营造超现实风格

难度等级 ★★★☆☆

超现实风格是一种在现实生活中不可能存在的意境，修饰方法不拘一格，主要为了营造离奇的拍摄效果，适用于个性独特的人像照片修饰。营造超现实风格主要使用“色阶”命令、“HDR色调”命令、“黑白”命令、图层混合模式（图8-106、图8-107）。

图8-106　修饰前的照片

图8-107　修饰后的照片

1. 在菜单栏单击“文件——打开”命令或按快捷键Ctrl+O打开素材光盘中的“素材\第8章\8.10营造超现实风格”照片。

2. 在菜单栏单击“图像——调整——色阶”命令，在打开的“色阶”对话框中将“阴影”与“高光”控制滑块向中间拖动（图8-108），设置完成后单击“确定”按钮（图8-109）。

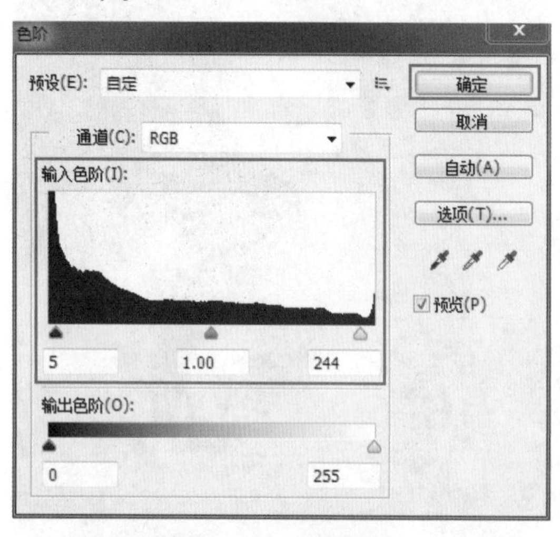

图8-108　设置色阶

图8-109　设置后的效果

特别提示

超现实风格常采用浓重的色彩，变幻莫测的光影，照片情景奇异怪诞，与现实格格不入，体现出“反常”特征，却具有超越时间与空间的永恒感，给人以灵验、虚无的感觉。

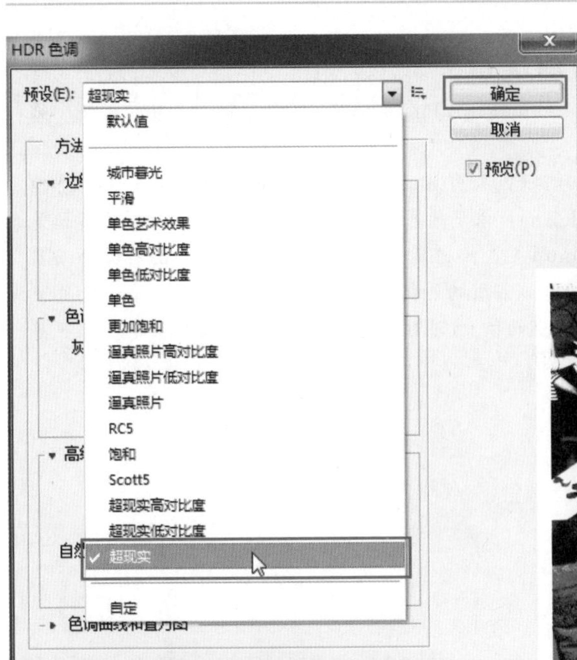

图8-110 设置HDR色调

3. 在菜单栏单击“图像——调整——HDR色调”命令，在打开的“HDR色调”对话框中设置“预设”为“超现实”（图8-110），设置完成后单击“确定”按钮（图8-111）。

图8-111 设置后的效果

图8-112 黑白调板

4. 在“图层”控制面板中单击“创建新的填充或调整图层”按钮，在弹出的菜单中选择“黑白”选项，在打开的“黑白”调板中设置“预设”为“绿色滤镜”（图8-112）。

5. 在“图层”控制面板中设置“图层混合模式”为“变亮”（图8-113）。

6. 设置完成后，营造超现实风格修饰完毕（图8-114）。

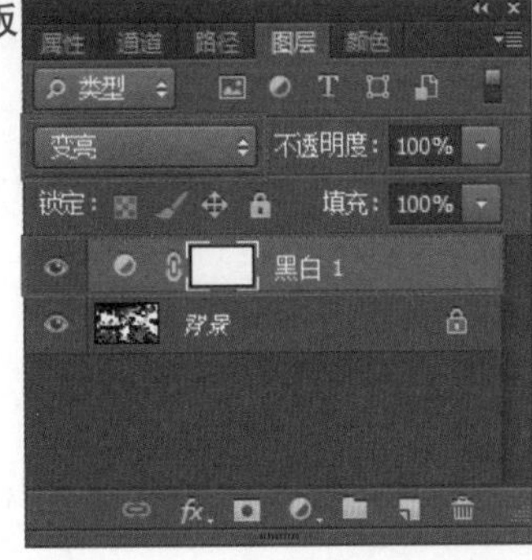

图8-113 设置图层混合模式

图8-114 营造超现实风格修饰完毕

特别提示

PhotoshopCS滤镜基本可以分为内阙滤镜、内置滤镜（PhotoshopCS自带滤镜）、外挂滤镜（第3方滤镜）3部分。

内阙滤镜指内阙于PhotoshopCS程序内部的滤镜，共有6组24个滤镜。内置滤镜指PhotoshopCS缺省安装时，PhotoshopCS安装程序自动安装到pluging目录下的滤镜，共12组72个滤镜。外挂滤镜就是除上面两种滤镜以外，由第3方厂商为Photoshop所生产的滤镜，它们不仅种类齐全，品种繁多而且功能强大，同时版本与种类也在不断升级与更新。常用的外挂滤镜品牌名称有KPT、PhotoTools、Eye Candy、Xenofex、Ulead effect等。PhotoshopCS的第3方滤镜有800种以上，能极大丰富人像照片艺术加工。

PhotoshopCS
数码人像修饰完全手册
精华篇

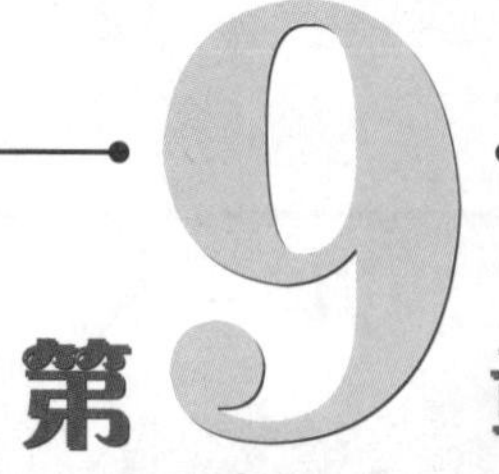

第9章 人像照片光影调整

在拍摄人像照片时，难免会出现相机的曝光不适，或是明暗不适，或是色彩不适，各种因素很多，影响了人像照片的质量。因此，在PhotoshopCS中对人像照片进行光影调整就相当有必要了，光影调整虽然操作简单，但是调整的度却很难把握，应该使用多种工具、命令进行复合调整，这是精华篇的起点。

9.1 调整照片亮度

难度等级 ★★☆☆☆

调整亮度适用与比较灰暗的人像照片，修饰频率最高，但是不宜单独使用某一种命令／工具来操作，这里主要使用 “亮度／对比度” 命令、“曝光度” 命令及 “阴影／高光” 命令（图9-1、图9-2）。

图9-1 修饰前的照片

图9-2 修饰后的照片

1. 在菜单栏单击“文件——打开”命令或按快捷键Ctrl+O打开素材光盘中的“素材\第9章\9.1调整照片亮度”照片。

2. 在菜单栏单击“图像——调整——亮度/对比度”命令，在打开的“亮度／对比度”对话框中设置“亮度”为62、“对比度”为-5。设置完成后单击“确定”按钮（图9-3、图9-4）。

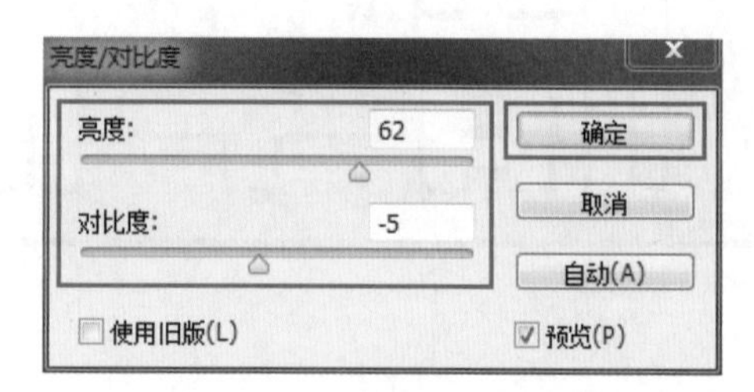

图9-3 设置亮度／对比度

3. 在菜单栏单击“图像——调整——曝光度”命令，在打开的“曝光度”对话框

图9-4 设置后的效果

图9-6 设置后的效果

图9-7 设置阴影／高光

中设置“曝光度”为+0.69，其他参数不变，设置完成后单击“确定”按钮（图9-5、图9-6）。

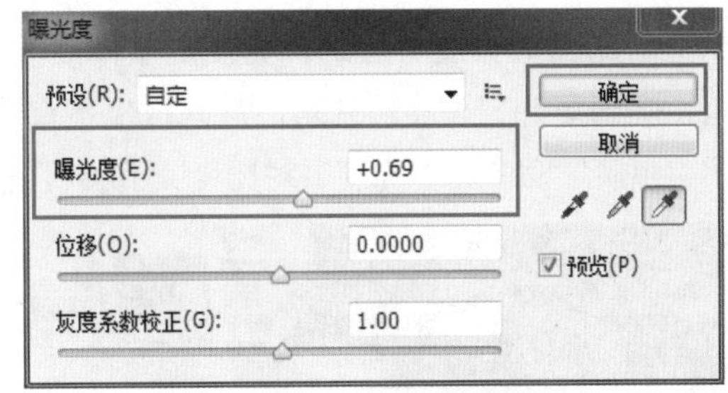

图9-5 设置曝光度

4. 在菜单栏单击“图像——调整——阴影／高光”命令，在打开的“阴影／高光”对话框中设置“数量”为0、“高光”为6（图9-7）。

5. 设置完成后单击“确定”按钮，调整照片亮度修饰完毕（图9-8）。

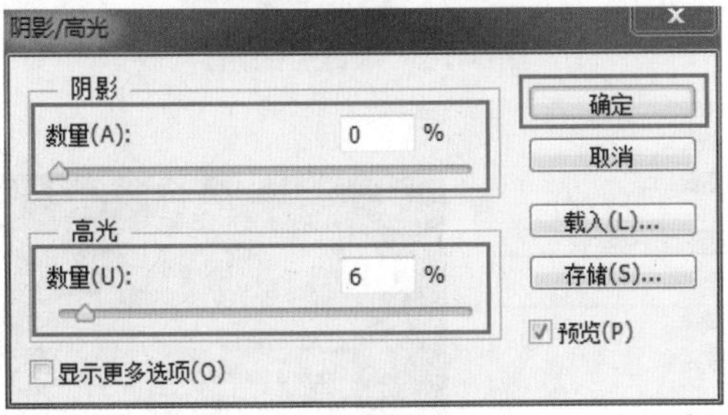

图9-8 调整照片亮度修饰完毕

特别提示

数码相机的拍摄质量很大程度取决于感光度，感光度是数码相机感受光线的能力，感光度越高，感受光线的能力就越强。感光度采用ISO数值来表示，如ISO100、ISO200、ISO400等，ISO数值越大，表示相机的感光速度越快。如果能保证快门速度快于1／60秒，可以选择低感光度。更多拍摄者将拍摄模式放在“auto”上，相机会自动调节感光度，这就考验相机的质量了。因此，高档单反相机在ISO3200下拍摄的照片要明显优于普通卡片机。如果希望拍摄清晰的人像照片，而拍摄光线不佳，数码相机质量也一般，应该手动将ISO数值设低些，如设为ISO100或ISO200，拍摄出来的照片会比较暗，再使用PhotoshopCS进行修饰，可能调整照片亮度的效果不及本书所述，但是至少能获得比较清晰的照片。如果使用数码相机的“auto”模式，可能获得的照片就比较模糊或呈明显颗粒状。

9.2 调整照片对比度

难度等级 ★★☆☆☆

对比度与亮度有区别，亮度是整体提升，而对比度是加大照片的明暗反差，让暗部更暗，亮部更亮，调整照片对比度同样也不宜单独使用某一种命令或工具来操作，这里主要使用“色阶”命令、“亮度／对比度” 命令（图9-9、图9-10）。

图9-9　修饰前的照片

图9-10　修饰后的照片

1. 在菜单栏单击“文件——打开”命令或按快捷键Ctrl+O打开素材光盘中的“素材\第9章\9.2调整照片对比度”照片。

2. 在“图层”控制面板中单击“创建新的填充或调整图层”按钮，在弹出的菜单中选择“色阶”（图9-11）。

3. 在打开的“色阶”调板中将阴影滑块向右滑动，设置完成后，照片明显变亮（图9-12、图9-13）。

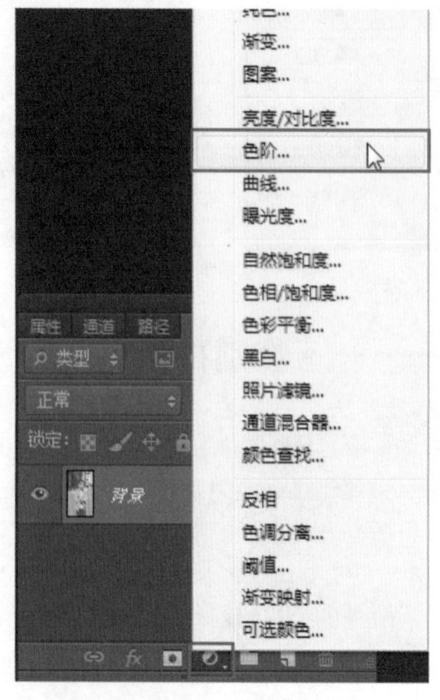

图9-11　选择“色阶”命令

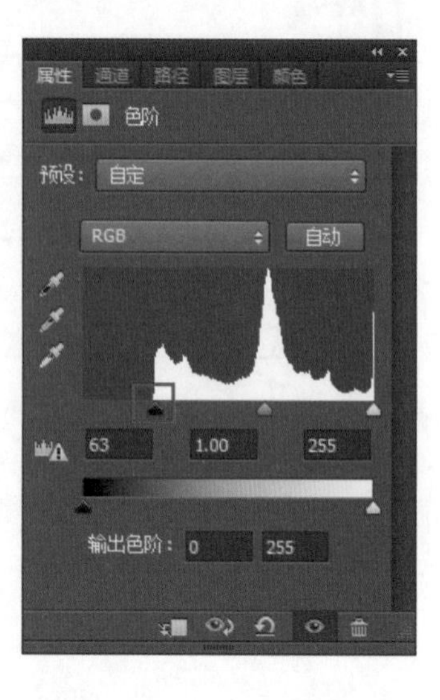

图9-12　设置色阶

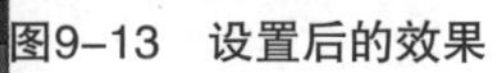

图9-13 设置后的效果

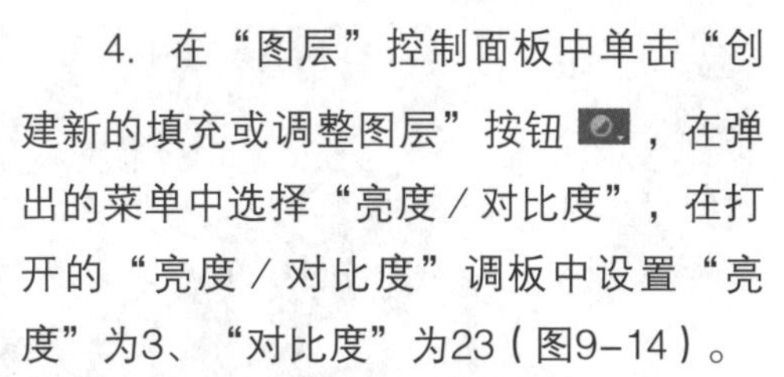

4. 在“图层”控制面板中单击“创建新的填充或调整图层”按钮 ，在弹出的菜单中选择“亮度/对比度”，在打开的“亮度/对比度”调板中设置“亮度”为3、“对比度”为23（图9-14）。

5. 设置完成后，调整照片对比度修饰完毕（图9-15）。

图9-14 设置亮度/对比度

图9-15 调整照片对比度修饰完毕

9.3 调整面部光影

难度等级 ★★☆☆☆

在拍摄人像照片时，如果周边环境比较光亮，人像的面部光影就会显得不足，单独使用“亮度/对比度”命令会提高周边环境的亮度，因此要对面部光影单独调整。调整面部光影主要使用“创建图层蒙版”命令、“色阶”命令、“曝光度”命令（图9-16、图9-17）。

特别提示

反光板是人像拍摄的辅助设备，作用不亚于闪光灯。根据环境需要用好反光板，可以让平淡的照片变得更加饱满、体现出良好的光感、质感。常见的软反光板，通常为金色、银色、白色或这些色彩的组合。光线在其平面上会产生漫反射的效果，光线被柔化并扩散至更大的区域，可以使用软反光板作为场景或物体的主光源，能创造出和扩散光源类似的光影效果，十分适用于人像的脸部照明。软反光板作为拍摄中的辅助设备，用于人像拍摄的软反光板价格低廉，携带方便，通常与支架、灯光同时使用。

图9-16　修饰前的照片

图9-17　修饰后的照片

1. 在菜单栏单击“文件——打开”命令或按快捷键Ctrl+O打开素材光盘中的“素材\第9章\9.3调整面部光影”照片。

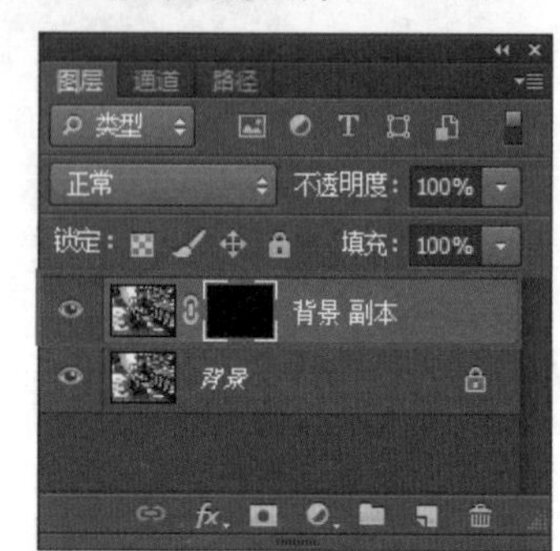

图9-18　添加图层蒙版

2. 将“背景”图层复制，得到“背景副本”图层，按住Alt键并单击“添加图层蒙版”按钮，为“背景副本”图层添加1个黑色蒙版（图9-18）。

3. 将“前景色”设置为“白色”，选取“工具箱”中的“画笔”工具，在人物的面部进行涂抹（图9-19）。

图9-19　使用画笔涂抹

4. 在“图层”控制面板中单击“创建新的填充或调整图层”按钮，在弹出的菜单中选择“色阶”命令（图9-20）。

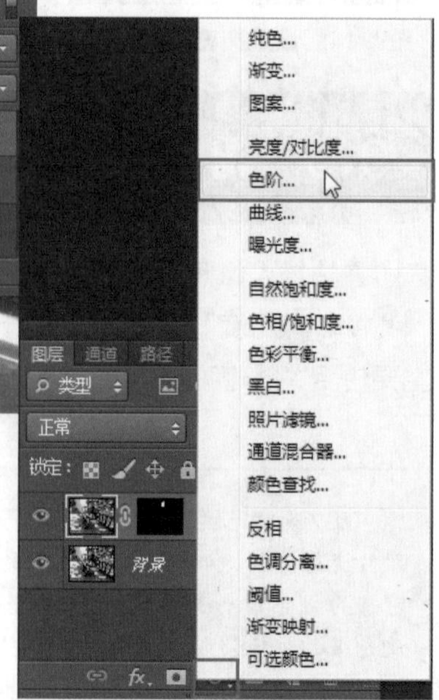

图9-20　选择色阶命令

5. 在打开的“色阶”调板中将“中间调”控制滑块向左拖动，单击 切换至“此调整剪贴到此图层”按钮 （图9-21）。设置完成后，“色阶1”图层只对“背景 副本”图层起作用（图9-22）。

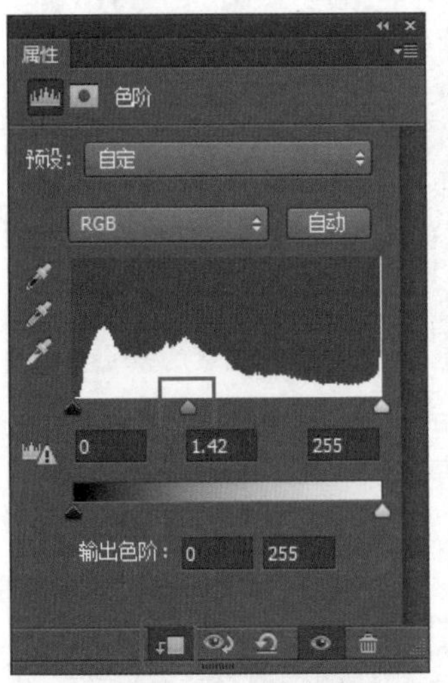

图9-21　设置色阶

图9-22　设置后的效果

6. 在“图层”控制面板中单击“创建新的填充或调整图层”按钮 ，在弹出的菜单中选择“曝光度”，在打开的“曝光度”调板中设置“灰度系数校正”为0.83（图9-23）。

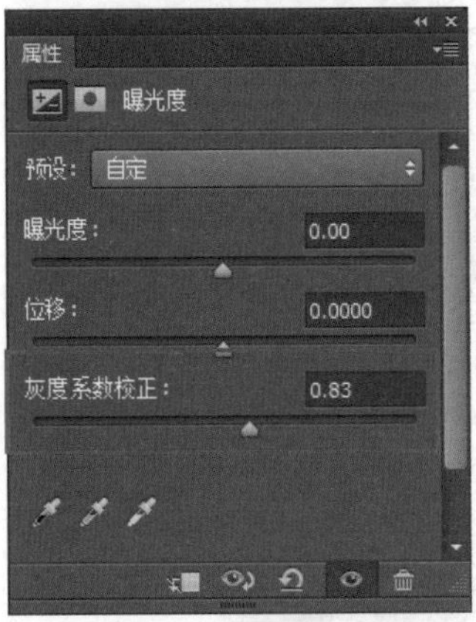

7. 设置完成后，调整面部光影修饰完毕（图9-24）。

图9-23　设置曝光度

图9-24　调整面部光影修饰完毕

9.4　优化背光照片

难度等级 ★★☆☆☆

背光照片又称为逆光照片，是指相机拍摄的部位90%左右都是背光面，受光部只占很小的面积，这样整个人像就处于很暗的效果，对于这种情况可以进行优化处理。优化背光照片主要使用“阴影/高光”命令、“快速选择”工具、图层混合模式（图9-25、图9-26）。

1. 在菜单栏单击“文件——打开”命令或按快捷键Ctrl+O打开素材光盘中的“素材\第9章\9.4优化背光照片”照片。

2. 在菜单栏单击“图像——调整——阴影/高光”命令，在打开的“阴影/高光”对话

图9-25　修饰前的照片

图9-26　修饰后的照片

框中，设置“阴影数量”为48、“高光数量”为26，设置完成后单击“确定”按钮（图9-27、图9-28）。

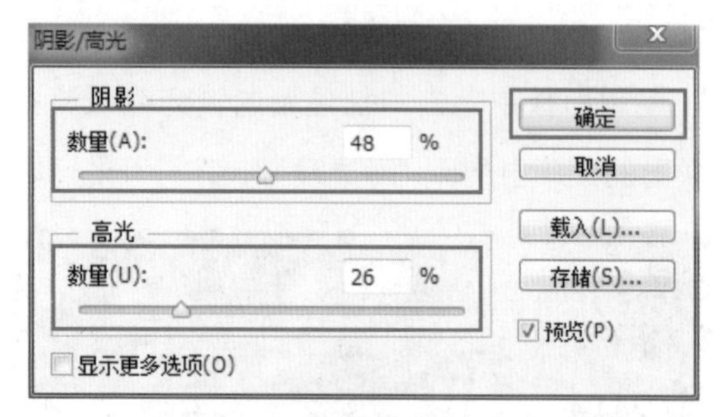

图9-27　设置阴影 / 高光

3. 选取“工具箱”中的“快速选择”工具，在人物的位置进行拖动，创建选区（图9-29）。

图9-28　设置后的效果

图9-29　创建选区

4. 选区创建完成后，按快捷键Ctrl+J复制选区内的图像，得到“图层1”，在“图层”控制面板设置“图层混合模式”为“滤色”、“不透明度”为17%（图9-30）。

5. 设置完成后，优化背光照片修饰完毕（图9-31）。

图9-30 创建新图层并设置图层混合模式

图9-31 优化背光照片修饰完毕

9.5 调整闪光不足

难度等级 ★★☆☆☆

不同相机的闪光灯功率不同，导致闪光距离不同，一般数码相机的闪光灯有效范围在5m以内，达到5m以上时就会显得闪光不足。此外，手持相机时手指可能会遮挡闪光灯，这也会造成闪光不足。调整闪光不足主要使用“色阶”命令和“亮度／对比度”命令（图9-32、图9-33）。

图9-32 修饰前的照片

图9-33 修饰后的照片

1. 在菜单栏单击“文件——打开”命令或按快捷键Ctrl+O打开素材光盘中的“素材\第9章\9.5调整闪光不足”照片。

2. 在“图层”控制面板中单击“创建新的填充或调整图层”按钮，弹出的菜单中选择“色阶”（图9-34）。

3. 在打开的“色阶”调板中将“高光”控制滑块向中间拖动（图9-35、图9-36）。

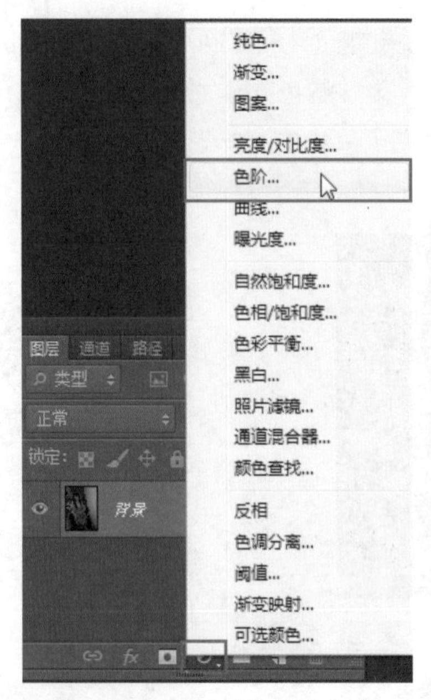

图9-34 选择“色阶”命令

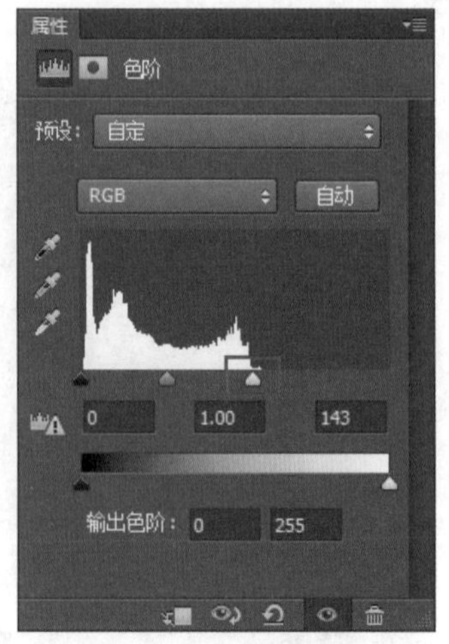

图9-35 设置色阶

图9-36 设置后的效果

4. 在“图层”控制面板中单击“创建新的填充或调整图层”按钮，弹出的菜单中选择“亮度/对比度”，在打开的“亮度/对比度”调板中设置“亮度”为-12、“对比度”为-9（图9-37）。

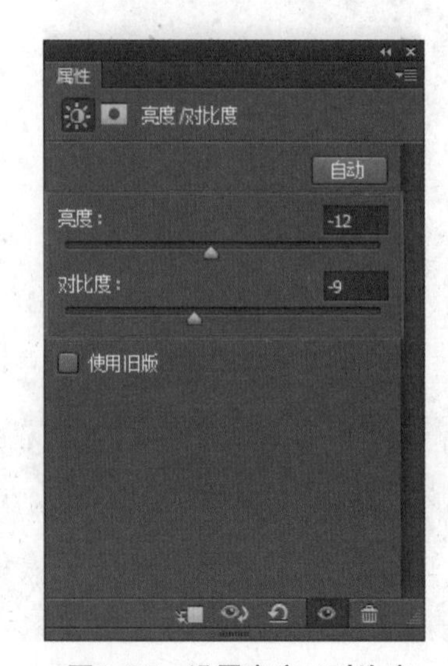

图9-37 设置亮度/对比度

5. 调整完成后，调整闪光不足修饰完毕（图9-38）。

图9-38 调整闪光不足修饰完毕

9.6 调整光影反差

难度等级 ★★★☆☆

调整光影反差适用于曝光比较平淡的人像照片，单一提高对比度效果并不明显，可以加上适当渐变装饰，起到凸出中心的目的。调整光影反差主要使用“阴影／高光”命令、“色阶”命令、“柔光”混合模式、“渐变”工具（图9-39、图9-40）。

图9-39 修饰前的照片

图9-40 修饰后的照片

1. 在菜单栏单击“文件——打开”命令或按快捷键Ctrl+O打开素材光盘中的“素材\第9章\9.6调整光影反差”照片。

2. 在菜单栏单击“图像——调整——阴影／高光”命令，在打开的“阴影/高光”对话框中设置“阴影”的“数量”为48、“高光”的“数量”为0（图9-41）。

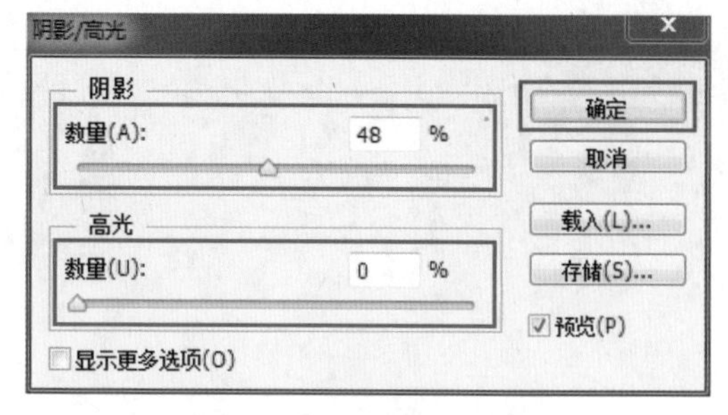

图9-41　设置阴影／高光

3. 在菜单栏单击“图像——调整——色阶”命令，在打开的“色阶”对话框中将“阴影”控制滑块向右拖动，设置完成后，单击“确定”按钮（图9-42、图9-43）。

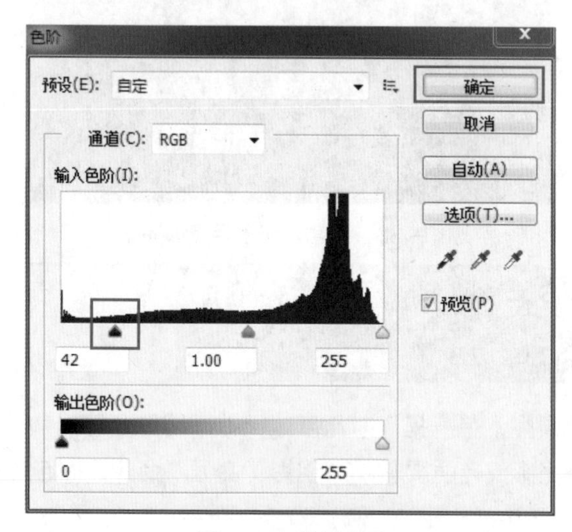

图9-42　设置色阶

图9-43　设置后的效果

4. 将“背景”图层复制，得到“背景副本”图层，设置“图层混合模式”为“柔光”，“不透明度”为25%（图9-44）。

5. 在“图层”控制面板中单击“创建新的填充或调整图层”按钮 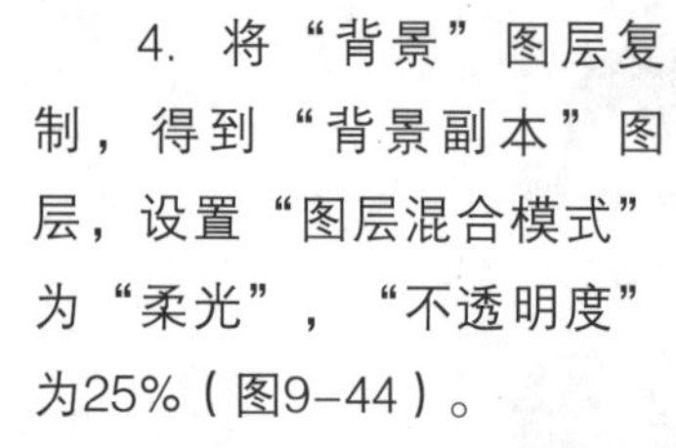，弹出的菜单中选择“渐变”（图9-45）。

图9-44　设置图层混合模式

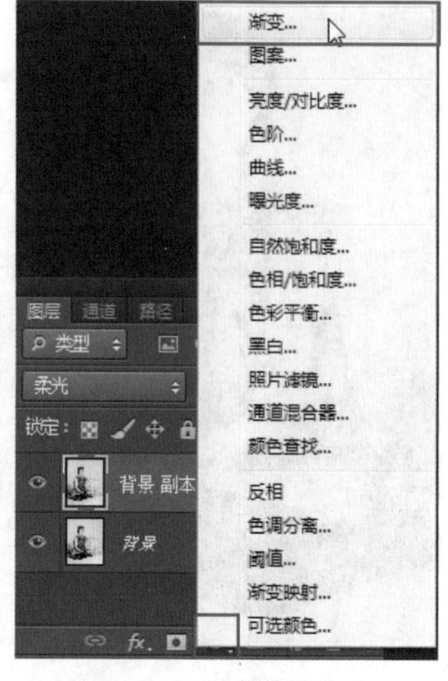

图9-45　选择渐变命令

6. 在打开的“渐变填充”对话框中设置“样式”为“径向”、“角度”为0、“缩放”为149。点击“渐变颜色条”，在打开的“渐变编辑器”中设置1条白色（R：252、G：255、B：255）到蓝色（R：90、G：156、B：255）的渐变（图9-46、图9-47）。

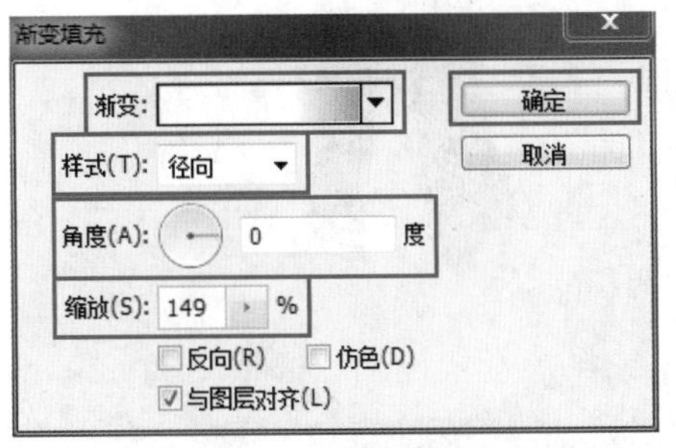

图9-46 设置渐变填充

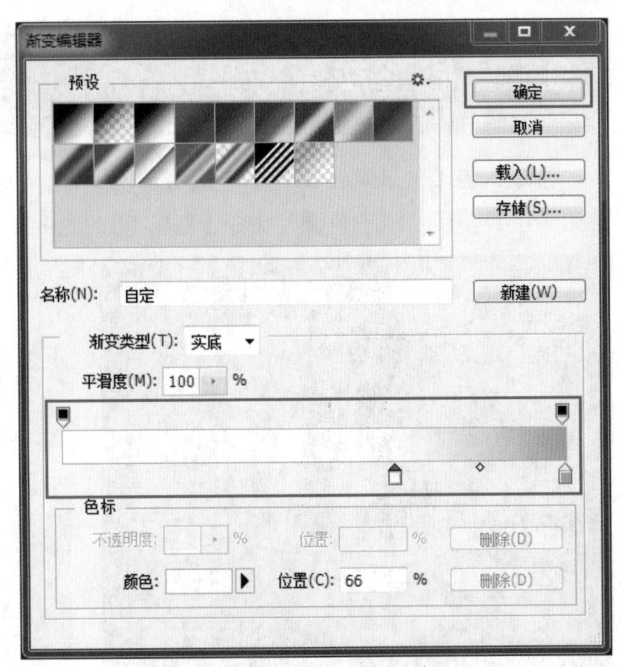

图9-47 设置渐变编辑器

7. 设置完成后，单击“确定”按钮，在“图层”控制面板中设置“图层混合模式”为“正片叠底”（图9-48）。

8. 设置完成后，调整光影反差修饰完毕（图9-49）。

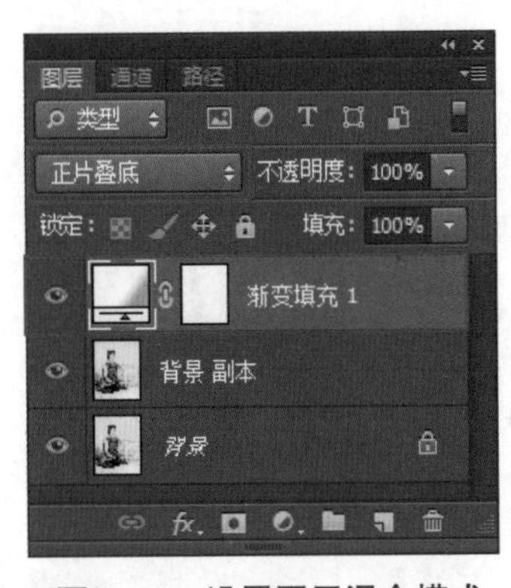

图9-48 设置图层混合模式

图9-49 调整光影反差修饰完毕

特别提示

调整人像光影反差的方式主要有两种。一种是提高人像照片的光影反差，使人像面部显得更有层次，五官分明，适用于面部平整、光洁的年轻女性或儿童，但是提高反差不宜过高，避免五官轮廓过于凸出。另一种是降低人像照片的光影反差，让人像的面部显得平和，五官不太凸出，适用于面部轮廓清晰的男性或中老年人。其中提高光影反差运用最多，因为多数人像照片都是在光线柔和的环境下拍摄的，拍摄艺术照片时还会运用反光板，这样就显得特别平和。

9.7 修整灰蒙效果

难度等级 ★☆☆☆☆

造成人像照片灰蒙主要是由于拍摄环境不佳，例如空气中有雨、雾等因素干扰。修整灰蒙效果主要使用“HDR色调”命令（图9–50、图9–51）。

图9–50 修饰前的照片

图9–51 修饰后的照片

1. 在菜单栏单击“文件——打开”命令或按快捷键Ctrl+O打开素材光盘中的“素材\第9章\9.7修整灰蒙效果”照片。

2. 在菜单栏单击“图像——调整——HDR色调”命令，打开“HDR色调”对话框，设置“方法”为“曝光度和灰度系数”、“曝光度”为+1.26、“灰度系数”为1.09，设置完成后单击“确定”按钮（图9–52）。

3. 操作完成后，修整灰蒙效果修饰完毕（图9–53）。

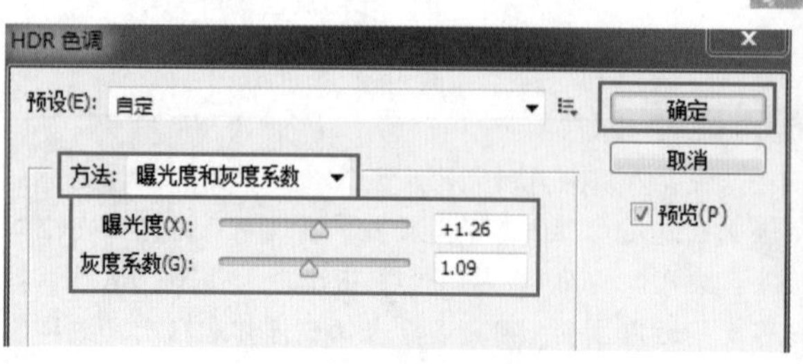

图9–52 设置HDR色调

图9–53 修整灰蒙效果修饰完毕

第10章 人像照片色彩调整

照片色彩是照片效果的重要表达媒介，色彩不仅能传达照片真实的记录信息，还能表现照片的情感，与照片人像一起形成拍摄主旨。在日常拍摄过程中，照片的色彩受环境影响，很难达到完美效果，绝大多数人像照片都靠后期处理达到完美效果。

10.1 修正偏色照片

难度等级 ★★★☆☆

偏色照片主要是由于光线与空气混合后对人像照片成像进行干扰，从而造成色彩偏差，如朝阳、夕阳、灯光、灰尘、雨雾等，多数偏色照片往往偏红、黄、蓝3种颜色。调节方法并不难，只是要控制好度，最好预先找一张色彩正常的照片作参照，再进行修饰，主要使用“吸管”工具、“信息”调板、“色彩平衡”命令（图10–1、图10–2）。

图10–1 修饰前的照片

图10–2 修饰后的照片

1. 在菜单栏单击“文件——打开”命令或按快捷键Ctrl+O打开素材光盘中的“素材\第10章\10.1修正偏色照片”照片。

2. 选取“工具箱”中的“吸管”工具，在工具属性栏设置“取样大小”为“3×3平均”（图10–3）。

3. 在菜单栏单击“窗口——信息”命令，打开“信息”控制面板，使用“吸管”工具在人物围巾的黑色色块上单击（图10–4）。

图10-3　选择“吸管”工具

4. 此时，“信息”控制面板中会显示黑色的RGB值（图10-5），红色远远大于蓝色与绿色，说明照片偏红。

5. 在“图层”控制面板中单击“创建新的填充或调整图层”按钮，弹出的菜单中选择“色彩平衡”（图10-6）。

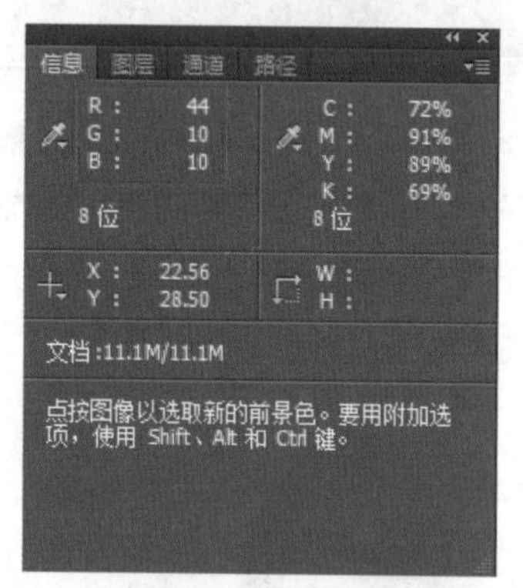

图10-5　信息控制面板

6. 在“色彩平衡”调板中将“青色——红色”控制滑块向左拖动（图10-7）。

7. 通过调整“色彩平衡”调板，偏色照片修饰完毕（图10-8）。

图10-7　设置色彩平衡参数

图10-4　吸取颜色

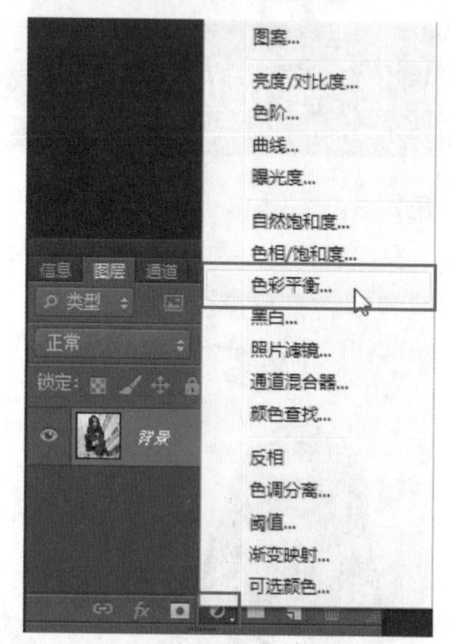

图10-6　选择色彩平衡命令

图10-8　偏色照片修饰完毕

10.2 提高鲜艳程度

难度等级 ★★☆☆☆

受空气中的灰尘、雨雾影响，人像照片会变得比较灰淡，即使人物衣着很艳丽，但是仍会显平淡。照片的鲜艳程度又称为色彩饱和度，可以在一定范围内提高，但是各种参数不宜调节过高。下面主要使用“自然饱和度”命令与“亮度／对比度”命令（图10–9、图10–10）。

图10–9 修饰前的照片

图10–10 修饰后的照片

1. 在菜单栏单击“文件——打开”命令或按快捷键Ctrl+O打开素材光盘中的“素材\第10章\10.2提高鲜艳程度”照片，此照片褪色很严重。

2. 在菜单栏单击“图像——调整——自然饱和度”命令，在打开的“自然饱和度”对话框中设置“自然饱和度”为+78、“饱和度”为+35（图10–11）。

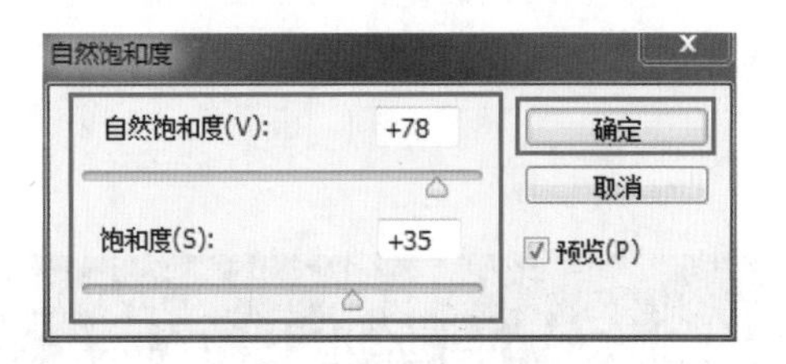

图10–11 设置自然饱和度

特别提示

色彩模式是计算机中表示颜色的方式。在PhotoshopCS中常见RGB模式与CMYK模式。RGB模式是光学色彩模式，通过3种颜色的原光叠加成彩色照片。R代表Red（红色），G代表Green（绿色），B代表Blue（蓝色）。之所以称为三原色，是因为在自然界中肉眼所能看到的任何色彩都可以由这三种色彩混合叠加而成，它是一种色光表色模式，如电视机、计算机显示器等都是利用光来呈色，这种模式的色彩比较鲜亮。CMYK模式是颜料色彩模式，通过4种不同颜料组合形成彩色照片，C代表青色（Cyan），M代表洋红色（Magenta），Y代表黄色（Yellow），K代表黑色（Black），其中黑色的作用是强化暗调，加深暗部色彩。CMYK模式的照片色彩比较沉稳，与最终冲印、打印的照片效果非常接近。如果修饰的照片只是在网上发布，通过显示器浏览，可以选用RGB模式；如果修饰的照片需要冲印或打印出来，最好选用CMYK模式。

3. 设置完成后单击“确定”按钮，照片褪色已经得到解决，但是照片较暗（图10–12）。

图10–12　设置后的效果

4. 在菜单栏单击“图像——调整——亮度／对比度”命令，在打开的“亮度／对比度”对话框中设置“亮度”为24、“对比度”为-3，设置完成后单击“确定”按钮（图10–13）。

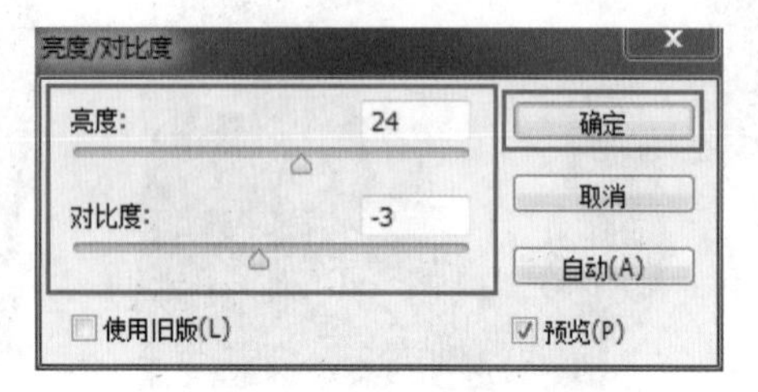

图10–13　设置亮度／对比度

5. 调整后，提高鲜艳程度修饰完毕（图10–14）。

图10–14　提高鲜艳程度修饰完毕

10.3　调整照片色调

难度等级 ★★★☆☆

色调全称色彩基调，色彩基调都有相应的名称，如红色调、黄色调、蓝色调等，变换人像照片的色调主要针对配景进行调整，要有选择的调整，主要使用“通道混合器”调板与“画笔”工具（图10–15、图10–16）。

图10–15　修饰前的照片

图10–16　修饰后的照片

1. 在菜单栏单击“文件——打开”命令或按快捷键Ctrl+O打开素材光盘中的“素材\第10章\10.3调整照片色调”照片，可以将照片秋天的景色变为春天。

2. 在“图层”控制面板中单击“创建新的填充或调整图层”按钮，弹出的菜单中选择“通道混合器”（图10-17）。

3. 在打开的“通道混合器”调板中设置“输出通道”为“红”、“红色”为-2、“绿色”为-2、“蓝色”为+196，调整完成后效果变化明显（图10-18、图10-19）。

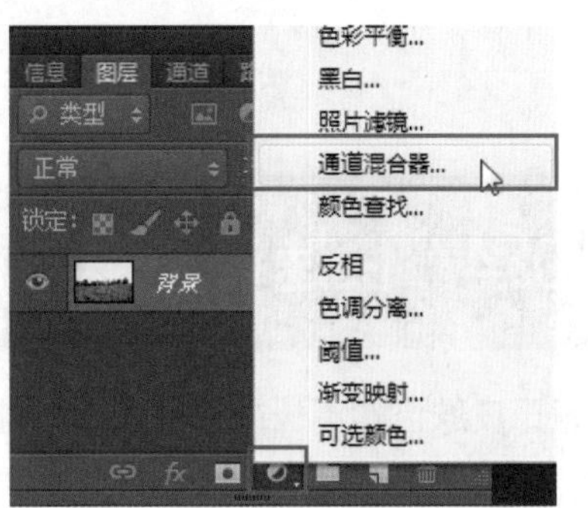

图10-17 选择“通道混合器”

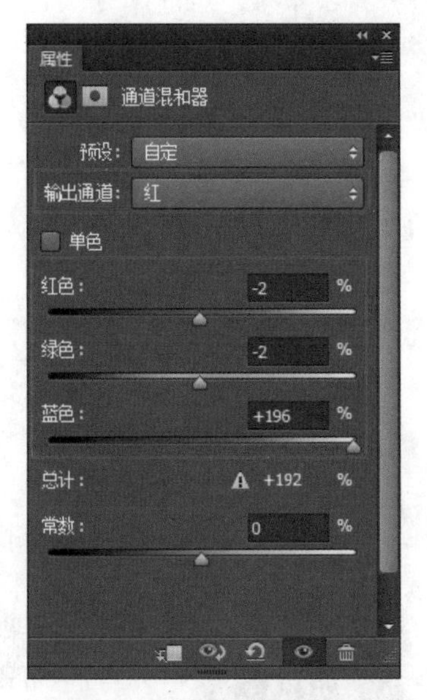

图10-18 设置通道混合器参数

图10-19 设置后的效果

4. 在“工具栏”中设置“前景色”为“黑色，”选取“画笔”工具，在“工具属性栏”设置“大小”为56像素、“硬度”为0%（图10-20）。

5. 设置完成后，使用“画笔”工具在照片中人物以及天空上进行涂抹（图10-21）。

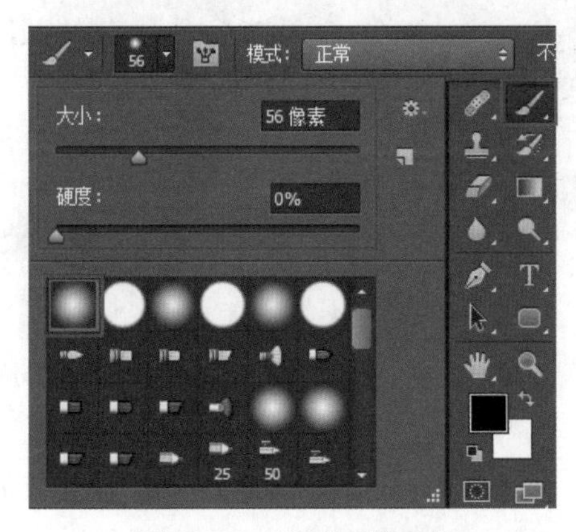

图10-20 设置画笔参数

图10-21 使用画笔涂抹

6. 涂抹完成后，调整照片色调修饰完毕（图10-22）。

图10-22 调整照片色调修饰完毕

10.4 快速调整肤色

难度等级 ★☆☆☆☆

对于皮肤色彩不佳或拍摄光线不佳的人像照片，可以快速调整肤色，修饰方法简单，效果独特，一般将色彩较暗的皮肤调节得光亮，主要使用“色相／饱和度”调板（图10-23、图10-24）。

图10-23 修饰前的照片

图10-24 修饰后的照片

1. 在菜单栏单击“文件——打开”命令或按快捷键Ctrl+O打开素材光盘中的“素材\第10章\10.4快速调整肤色”照片，照片中人物肤色很红。

2. 在“图层”控制面板中单击“创建新的填充或调整图层”按钮，弹出的菜单中选择“色相／饱和度”命令（图10-25）。

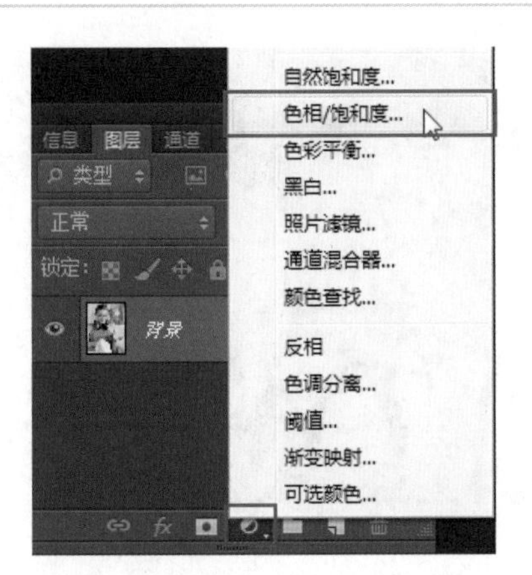

图10-25 选择“色相／饱和度”

图10-26 设置色相／饱和度参数

3. 在打开的“色相／饱和度”调板中设置“编辑”为“红色”，向左拖动“饱和度”控制滑块，降低饱和度（图10-26）。

4. 调整完成后，快速调整肤色修饰完毕（图10-27）。

图10-27 快速调整肤色修饰完毕

10.5 提升照片层次

难度等级 ★★★☆☆

照片层次是指照片明暗、色彩的综合对比，层次丰富的照片色彩显得比较饱和，能区分出同色系色彩的数量，使照片显得很灿烂。提升照片层次适用于阳光强烈的照片，人像或景物的受光面与背光面对比很强烈，使得照片层次单一，主要使用“色阶”调板、“自然饱和度” 调板（图10-28、图10-29）。

特别提示

层次是影调、色调层次的简称，反映的是照片表现出来的明暗、色彩关系。层次是构成影像的基本因素，是修饰人像照片造型、构图，表达情感的重要手段。任何照片至少要有两个层次才能构成影像，如白纸黑字的照片，只有两个层次，而逆光人像照片层次则非常丰富。有层次感是指要求照片的影调（黑、白、灰）与色调层次变化丰富。提升人像照片的层次关键在于使用中高端优质相机，拍摄时背景应当尽量丰富，可以根据实际情况选择侧逆光角度拍摄，还可以运用镜头的大景深模式拍摄。

图10-28　修饰前的照片

图10-29　修饰后的照片

1. 在菜单栏单击“文件——打开”命令或按快捷键Ctrl+O打开素材光盘中的“素材\第10章\10.5提升照片层次”照片。

2. 在“图层”控制面板中单击“创建新的填充或调整图层”按钮，弹出的菜单中选择“色阶”（图10-30）。

3. 在打开的“色阶”调板中将“阴影”与“中间调”控制滑块向右拖动，将“高光”控制滑块向左拖动（图10-31）。调整完成后效果比较明显（图10-32）。

4. 在“图层”控制面板中单击“创建新的填充或调整图层”按钮，弹出的菜单中选择“自然饱和度”命令，在打开的“自然饱和度”调板中设置“自然饱和度”为-7、“饱和度”为-6（图10-33）。

5. 调整完成后，照片层次感已增强，提升照片层次修饰完毕（图10-34）。

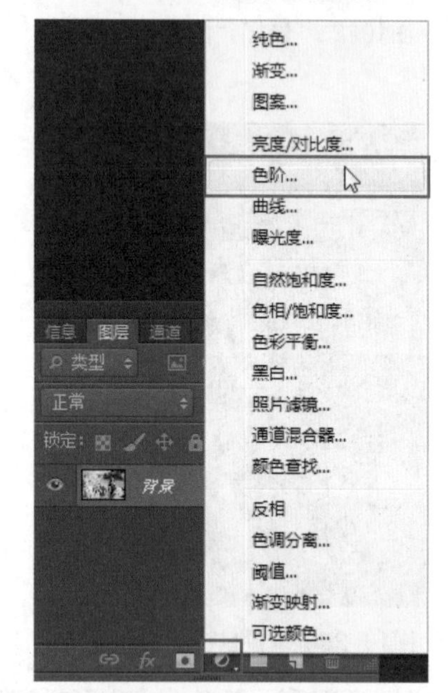

图10-30　选择“色阶”

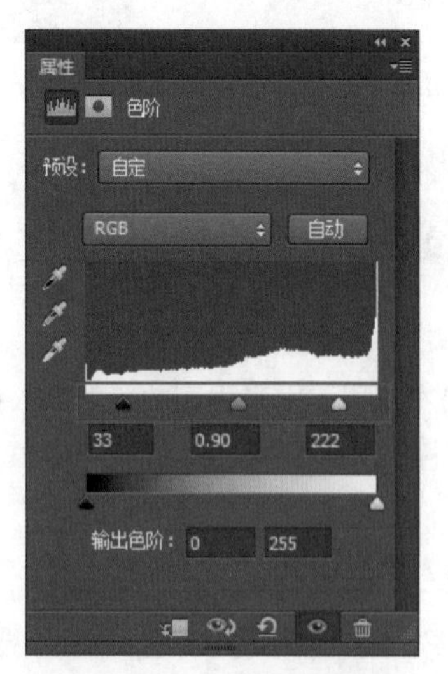

图10-31　设置色阶参数

图10-32　设置后的效果

基础篇 修饰篇 精华篇

图10-33 设置自然饱和度参数

图10-34 提升照片层次修饰完毕

10.6 制作双色调照片

难度等级 ★★★☆☆

双色调照片是一种介于彩色与黑白之间的照片，双色调照片具有一定的复古效果，适合色彩单一的人像照片，经过修饰后的人像会显得十分清晰，制作双色调照片主要使用“灰度”命令与“双色调”命令（图10-35、图10-36）。

1. 在菜单栏单击“文件——打开”命令或按快捷键Ctrl+O打开素材光盘中的“素材\第10章\10.6制作双色调照片”照片。

图10-35 修饰前的照片

图10-36 修饰后的照片

2. 在菜单栏单击“图像——模式——灰度”命令，在弹出的“信息”对话框中单击“扔掉”按钮（图10-37）。单击“单击”按钮后，照片变成黑白效果（图10-38）。

3. 在菜单栏单击“图像——模式——双色调”命令，在打开的“双色调曲线”对话框中设置“类型”为“双色调”，设置“油墨1”的“油墨颜色”为“黑色”（图10-39），单击设置“双色调曲线”并设置参数，完成后单击“确定”按钮（图10-40）。

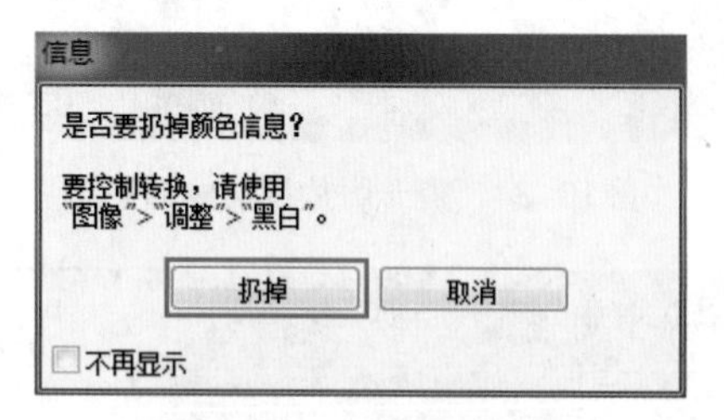

图10-37 设置灰度模式

图10-38 设置后的效果

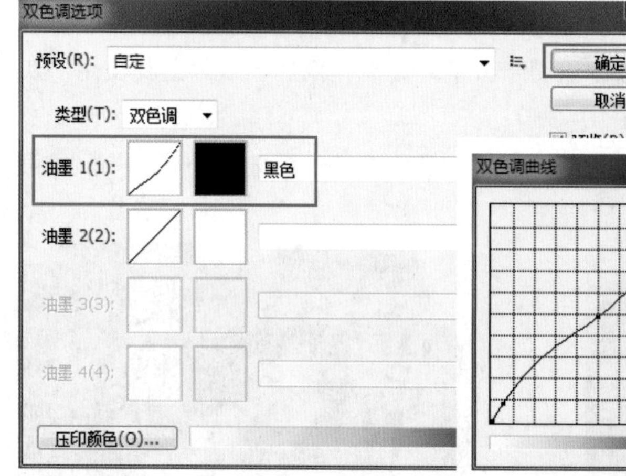

图10-39 设置双色调选项

图10-40 设置双色调曲线参数

4. 同样，设置“油墨2”的“油墨颜色”为“红色”（图10-41），单击设置“双色调曲线

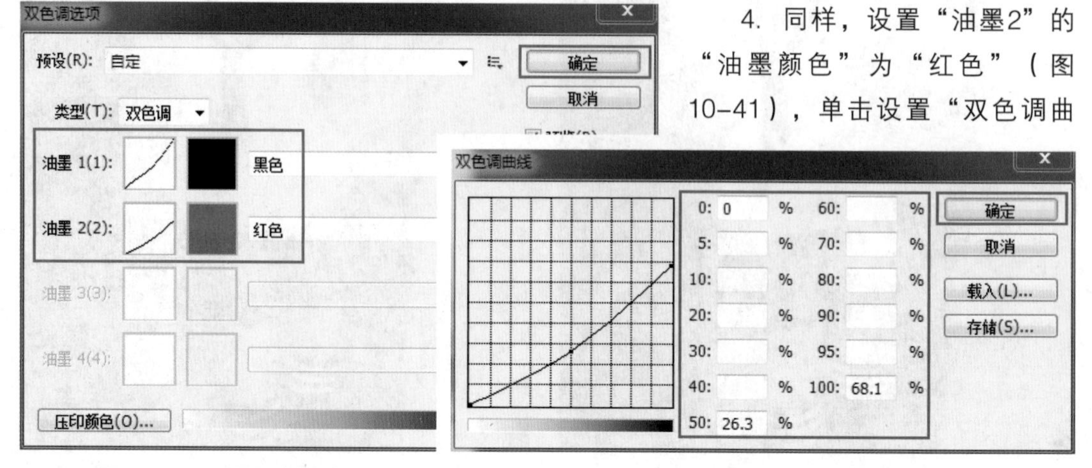

图10-41 设置双色调选项

图10-42 设置双色调曲线参数

线”并设置参数（图10-42），设置完成后单击“确定”按钮。

5. 调整完成后，制作双色调照片修饰完毕（图10-43）。

图10-43　制作双色调照片修饰完毕

10.7　照片局部去色

难度等级 ★★★★☆

将色彩丰富的人像照片进行去色修饰是近年来的流行趋势，去色一般是指局部去色，能凸出人像主体，去色照片也具有一定的怀旧效果，色彩层次更加丰富。一般适用于头像或半身像修饰，主要使用“色阶”调板、“曲线” 调板、“自然饱和度” 调板及“画笔”工具（图10-44、图10-45）。

图10-44　修饰前的照片

图10-45　修饰后的照片

1. 在菜单栏单击“文件——打开”命令或按快捷键Ctrl+O打开素材光盘中的“素材\第10章\10.7照片局部去色”照片。

2. 先调节照片的对比效果，在菜单栏单击“图像——调整——色阶”命令，在打开的“色阶”对话框中将“阴影”与“高光”控制滑块向中间移动（图10-46）。设置完毕后，效果比较明显（图10-47）。

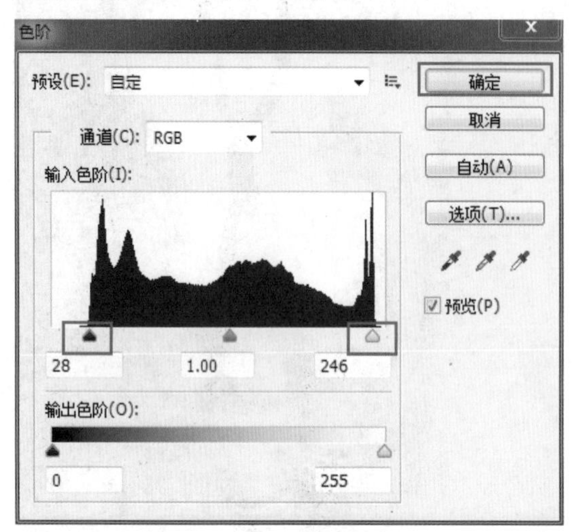

图10-46 设置色阶

图10-47 设置后的效果

3. 在“图层”控制面板中单击“创建新的填充或调整图层”按钮，弹出的菜单中选择“曲线”（图10-48）。

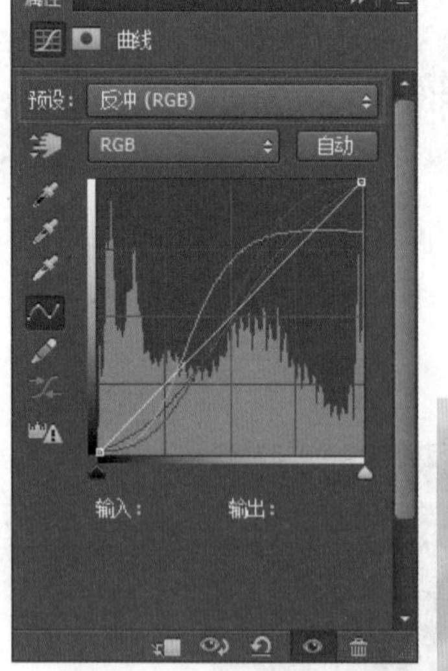

图10-49 设置曲线参数

4. 在打开的“曲线”调板中设置“预设”选项为“反冲（RGB）”（图10-49）。设置完成后，效果产生变化（图10-50）。

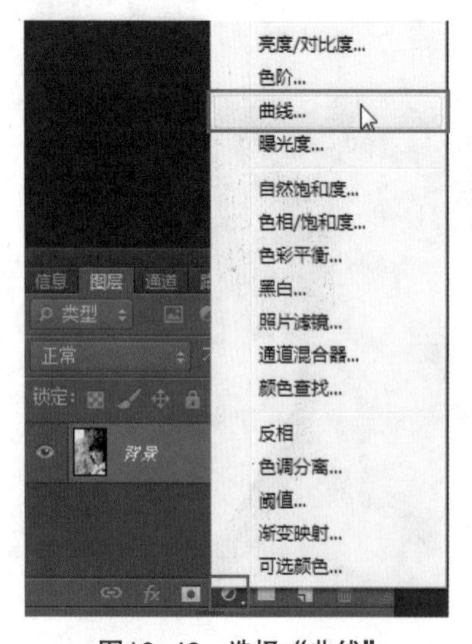

图10-48 选择“曲线”

图10-50 设置后的效果

5. 在“图层”控制面板中设置“图层混合模式”为“柔光”（图10-51）。

6. 在“图层”控制面板中单击“创建新的填充或调整图层”按钮，弹出的菜单中选择“自然饱和度”，在打开的“自然饱和度”调板中设置“自然饱和度”为-35、“饱和度”为-88（图10-52）。设置完成后，效果发生变化（图10-53）。

图10-51　设置图层混合模式

图10-52　设置自然饱和度

图10-53　设置后的效果

7. 将“前景色”设置为“黑色”，选取“工具箱”中的“画笔”工具，在人物身上进行涂抹（图10-54）。

图10-54　选用画笔涂抹

8. 仔细涂抹后，照片局部去色修饰完毕（图10-55）。

图10-55　照片局部去色修饰完毕

10.8 黑白照片上色

难度等级 ★★★★★

黑白照片是人像艺术摄影的重要表现方式，既能给黑白老照片上色，又能将彩色照片变成黑白照片后再上色。经过上色的照片，色彩具有古典风韵，能增添照片价值，是不可多得的修饰方法，主要使用“快速选择”工具与“色相 / 饱和度”命令（图10–56、图10–57）。

图10–56 修饰前的照片

图10–57 修饰后的照片

1. 在菜单栏单击“文件——打开”命令或按快捷键Ctrl+O打开素材光盘中的“素材\第10章\10.8黑白照片上色”照片。

2. 选取“工具箱”中的“快速选择”工具，在工具属性栏单击“添加到选区”按钮，在人物的皮肤上进行拖动，创建精确选区（图10–58）。

3. 精确选取创建完成后，在“图层”控制面板中单击“创建新的填充或调整图层”按钮，弹出的菜单中选择“色相 / 饱和度”（图10–59）。

4. 在打开的“色相 / 饱和度”调板中

图10–58 选用快速选择工具

勾选“着色”选项，设置“色相”为21、“饱和度”为43（图10-60）。设置完成后，效果发生变化（图10-61）。

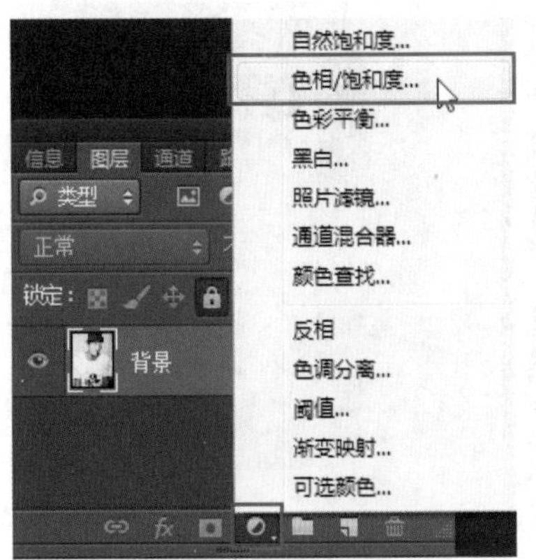

图10-59 选择“色相/饱和度”

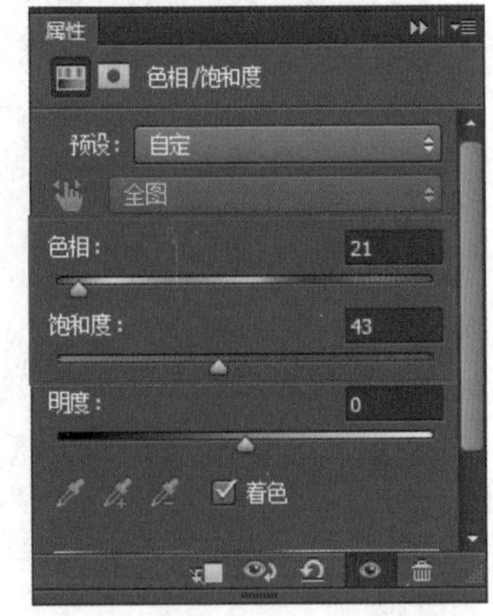

图10-60 设置色相/饱和度参数

图10-61 设置后的效果

5. 皮肤设置完成后，对帽子使用同样的方法上色（图10-62、图10-63、图10-64）。

图10-62 选择帽子范围

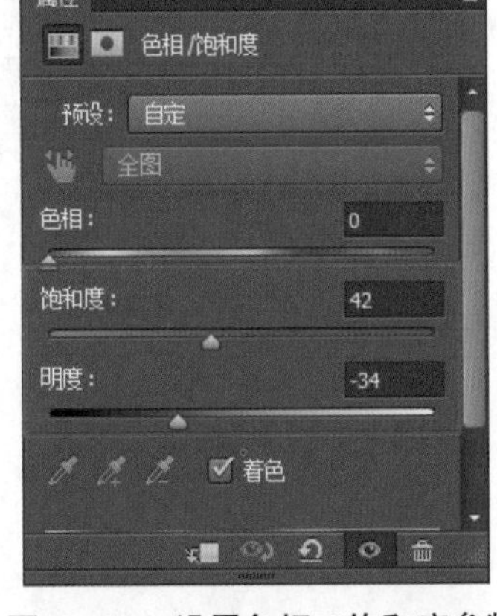

图10-63 设置色相/饱和度参数

图10-64 设置后的效果

6. 设置完成后，对背景使用同样的方法上色（图10-65、图10-66、图10-67）。

图10-65 选择背景范围

图10-66 设置色相/饱和度参数

图10-67 设置后的效果

7. 设置完成后，对嘴唇使用同样的方法上色，注意减去牙齿的部分（图10-68、图10-69、图10-70）。

图10-68　选择嘴唇范围

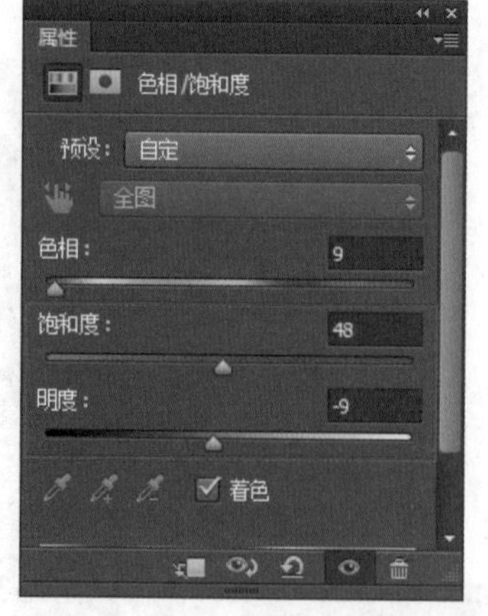

图10-69　设置色相／饱和度参数

图10-70　设置后的效果

8. 调整完成后，黑白照片上色修饰完毕（图10-71）。

图10-71　黑白照片上色修饰完毕

10.9　变更服装颜色

难度等级 ★★★☆☆

变更照片中的服装颜色能改变心情，具有DIY乐趣，主要针对色彩单一的服装可以使用"色彩范围"命令、"快速选择"工具、"色相／饱和度" 命令（图10-72、图10-73）。

1. 在菜单栏单击"文件——打开"命令或按快捷键Ctrl+O打开素材光盘中的"素材\第10章\10.9变更服装颜色"照片。

图10-72　修饰前的照片

图10-73　修饰后的照片

2. 在菜单栏单击“选择——色彩范围”命令，在打开的“色彩范围”对话框中勾选“本地化颜色簇”选项，选择“选择范围”选项，设置“颜色容差”为169、“范围”为83（图10-74）。

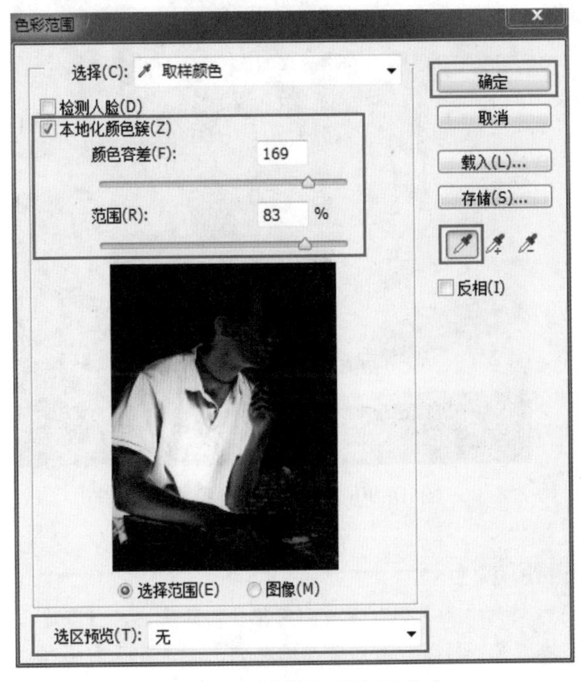

图10-74　选择色彩范围命令

3. 设置完成后，选择“吸管”工具，在橘色衣服上单击（图10-75）。

图10-75　选用吸管工具

4. 完成后，单击“确定”按钮，调出了不太精确的选区（图10-76）。选取“工具箱”中的“魔棒”工具，在人物衣服上拖动，创建精确选区（图10-77）。仔细调整后，选区创建完成（图10-78）。

图10-76 选用魔棒工具

图10-77 创建精确选区

图10-78 创建选区完毕

5. 在“图层”控制面板中单击“创建新的填充或调整图层”按钮，弹出的菜单中选择“色相／饱和度”，在打开的“色相／饱和度”调板中设置“色相”为-180、“饱和度”为0（图10-79）。

6. 设置完成后，变更服装颜色修饰完毕（图10-80）。

图10-79 设置色相／饱和度参数

图10-80 变更服装颜色修饰完毕

特别提示

在PhotoshopCS中对人像的衣着服饰进行变色修饰时，如果遇到带有彩色花纹的服装，应当多建几个图层，对每一种颜色单独变色修饰，不宜整体、统一修饰，否则会影响相邻色彩，甚至影响人像皮肤色彩。

10.10 应用模板色调

难度等级 ★☆☆☆☆

应用模板色调特别适合不知如何调整照片色彩的初学者，可以先打开1张色彩效果不错的照片作为范本，将要修饰照片的色彩模拟范本，即可得出与范本类似的色彩调节效果，主要使用“匹配颜色”命令（图10-81、图10-82）。

图10-81 修饰前的照片

图10-82 修饰后的照片

1. 在菜单栏单击“文件——打开”命令或按快捷键Ctrl+O打开素材光盘中的“素材\第10章\10.10应用模板色调1与10.10应用模板色调2”两张照片（图10-83）。

图10-83 打开应用模板色调2照片

2. 选择“10.10应用模板色调1”照片，在菜单栏单击“图像——调整——匹配颜色”命令，打开的“匹配颜色”对话框，在“图像统计”部分中的“源”下拉列表中选择“10.10应用模板色调2”，其他参数不变，设置完成后，单击“确定”按钮（图10-84），

3. 照片色彩发生变化，应用模板色调修饰完毕（图10-85）。

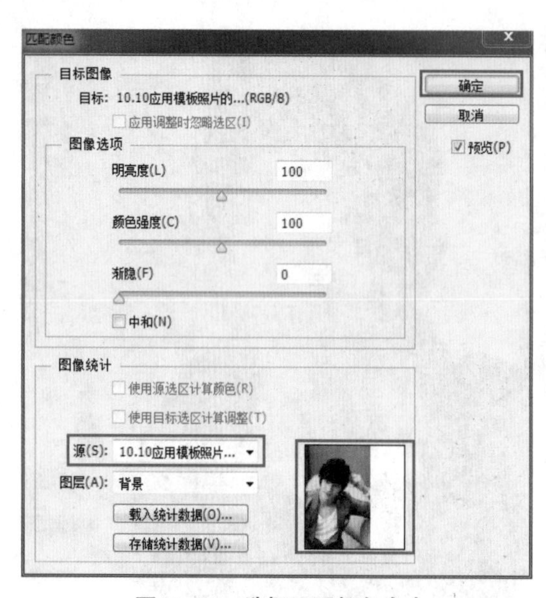

图10-84　选择匹配颜色命令

图10-85　应用模板色调修饰完毕

第11章 人像照片合成处理

人像照片合成处理一直是PhotoshopCS的看家功能，将人像从一张照片中抠出来，放入另一张照片中，达到更换背景的目的。合成处理的修饰关键在于将人像精确地抠出来，不能附带原有照片中的背景像素，特别注意半透明的衣着服饰。本章介绍PhotoshopCS的全部抠图方法以外，要特别注意人像外部轮廓的平滑流畅，这是影响修饰质量的关键因素。

11.1 精确更换背景

难度等级 ★★★☆☆

对人像更换新背景，首先要将人像从原照片中精确地抠出来，边缘轮廓处理是核心，这里主要使用“钢笔”工具与“自由变换”命令（图11-1、图11-2）。

图11-1 修饰前的照片

图11-2 修饰后的照片

1. 在菜单栏单击“文件——打开”命令或按快捷键Ctrl+O打开素材光盘中的“素材\第11章\11.1精确更换背景1”照片。

特别提示

PhotoshopCS中提供多种钢笔工具。其中标准钢笔工具用于绘制高精度图像；自由钢笔工具与铅笔一样可绘制路径；磁性钢笔选项可用于绘制色彩对比明显的边缘路径。可以组合使用钢笔工具与形状工具来创建复杂的选区。使用标准钢笔工具时，选项栏中“自动添加／删除”选项能添加或删除锚点。“橡皮带”选项可在移动指针时预览两次单击之间的路径段。使用钢笔工具进行绘图前，可以在“路径”面板中创建新路径，以便计算机自动将工作路径存储为命名路径。

2. 选取“工具箱”中的“钢笔”工具，在工具属性栏点击“路径操作”按钮，在下拉菜单中选择“排除重叠形状”，在沿照片人物边缘单击鼠标创建起点，点击第2个点并按住鼠标拖动创建曲线（图11–3、图11–4）。

3. 曲线创建完成后，按住Alt键单击锚点，取消曲线一端的控制杆（图11–5）。

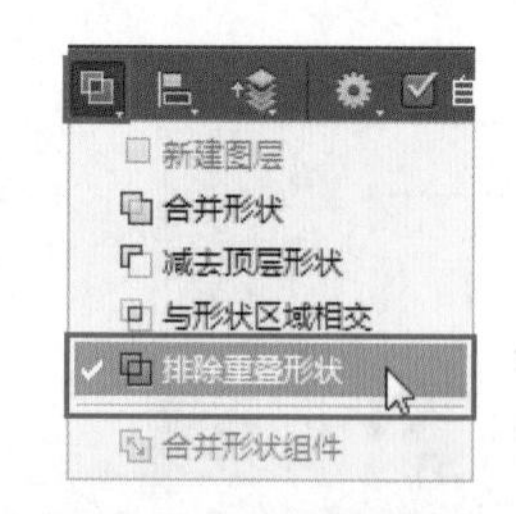

图11–3　选择路径操作

图11–4　创建路径

图11–5　取消控制杆

4. 重复操作沿照片人物以及影子边缘建立路径，当起点与终点相交时封闭路径创建完成（图11–6）。

5. 使用“钢笔”工具在手臂、大腿等处创建路径（图11–7）。

6. 路径创建完成后，按快捷键Ctrl+Enter将路径转换成选区（图11–8）。

图11–6　封闭路径

图11–7　创建局部路径

图11–8　转换成选区

7. 按快捷键Ctrl+C复制选区中的图像，再在菜单栏单击“文件——打开”命令或按快捷键Ctrl+O打开素材光盘中的“素材——第11章——11.1精确更换背景2”照片（图11–9）。

8. 打开后，按快捷键Ctrl+V粘贴选区中的图像（图11–10）。

图11-9 打开背景照片

图11-10 粘贴人像

9. 粘贴完成后，按快捷键Ctrl+T进行自由变换，拖动控制点缩小人物图像，并移动至合适的位置（图11-11）。

10. 调整完成后，精确更换背景修饰完毕（图11-12）。

图11-11 使用自由变换命令

图11-12 精确更换背景修饰完毕

11.2 使用快速蒙版

难度等级 ★★★☆☆

蒙版的最初功能就是用于图像选取，使用蒙版抠图比较直观，配合画笔工具进行涂抹即可，只是特别注意边缘的修饰，主要使用快速蒙版模式、“移动”工具、“画笔”工具、“自由变换”命令（图11-13、图11-14）。

特别提示

PhotoshopCS中的快速蒙版能将任何选区作为蒙版进行编辑，而无需使用“通道”调板。将选区作为蒙版来编辑的优点是可以使用任何PhotoshopCS工具或滤镜修改蒙版。

例如，用选框工具创建1个矩形选区，可以进入快速蒙版模式并使用画笔扩展或收缩选区，或使用滤镜扭曲选区边缘，甚至可以使用选区工具。从选中区域开始，使用快速蒙版模式在该区域中添加或减去来创建蒙版。此外，还可完全在快速蒙版模式中创建蒙版。

图11-13　修饰前的照片

图11-14　修饰后的照片

1. 在菜单栏单击“文件——打开”命令或按快捷键Ctrl+O打开素材光盘中“素材\第11章\11.2使用快速蒙版1”照片。

2. 在“工具箱”中单击“以快速蒙版模式编辑”按钮，选取“工具箱”中的“画笔”工具在人物身上涂抹（图11-15）。

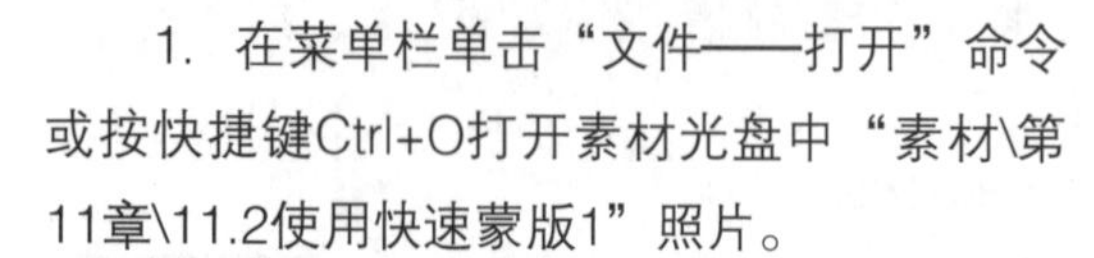

3. 涂抹过程中根据需要改变画笔大小，仔细涂抹后，完全遮盖人像（图11-16）。

4. 涂抹完成后，在“工具箱”中单击“以标准模式编辑”按钮，调出选区（图11-17）。

5. 此时的选区为反选，在菜单栏单击“选择——反选”命令或按快捷键Ctrl+Shift+I将选区反选（图11-18）。

图11-15　画笔涂抹

图11-16　画笔涂抹完毕

图11-17　转换成选区

6. 按快捷键Ctrl+C复制选区中的图像，再在菜单栏单击“文件——打开”命令或按快捷键Ctrl+O打开素材光盘中的“素材\第11章\11.2使用快速蒙版2”照片（图11-19）。

图11-18 反选选区

图11-19 打开背景照片

7. 打开后，按快捷键Ctrl+V粘贴选区中的图像（图11-20）。

8. 选取“工具箱”中的“移动”工具，将人物移动到合适的位置（图11-21）。

图11-20 粘贴人像

图11-21 移动人像

9. 移动完成后，按快捷键Ctrl+T自由变换，拖动控制点放大人物图像（图11-22）。

10. 调整完成后，使用快速蒙版合成修饰完毕（图11-23）。

图11-22 使用自由变换命令

图11-23 使用快速蒙版合成修饰完毕

11.3 添加完整蒙版

难度等级 ★★★☆☆

添加完整图层蒙版是在快速蒙版基础上一种更直观的抠图方法，使用画笔工具操作时无须变色，适合较复杂的人像轮廓抠图，主要使用“移动”工具、“画笔”工具、“添加图层蒙版”命令（图11-24、图11-25）。

图11-24 修饰前的照片

图11-25 修饰后的照片

1. 在菜单栏单击“文件——打开”命令或按快捷键Ctrl+O打开素材光盘中的“素材\第11章\11.3添加完整蒙版1与11.3添加完整蒙版2”两张照片（图11-26）。

2. 选取“工具箱”中的“移动”工具，拖动人物照片到背景照片中（图11-27），并将人物照片移动到右边（图11-28）。

图11-26 打开背景照片

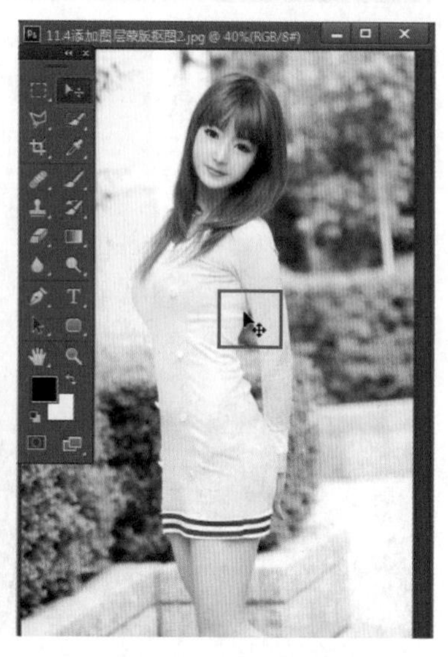

图11-27 拖入人像照片

图11-28 移动人像照片至右侧

3. 选择“图层1”，在“图层”控制面板中单击“添加图层蒙版”按钮，为“图层1”新建1个空白蒙版（图11-29）。

图11-29 添加图层蒙版

图11-30 画笔涂抹

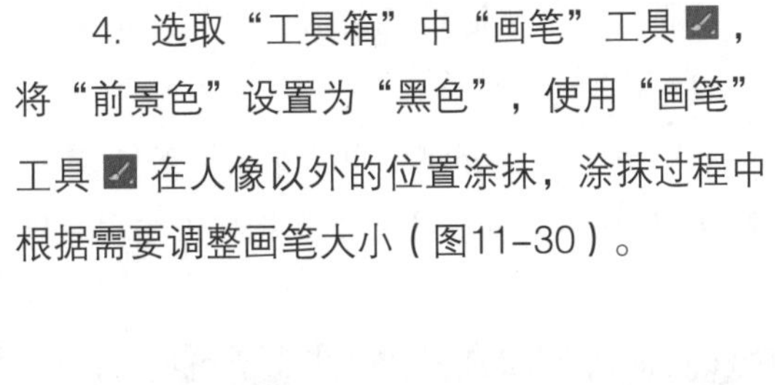

4. 选取“工具箱”中“画笔”工具，将“前景色”设置为“黑色”，使用“画笔”工具在人像以外的位置涂抹，涂抹过程中根据需要调整画笔大小（图11-30）。

5. 仔细涂抹后，添加完整蒙版合成修饰完毕（图11-31）。

图11-31 添加完整蒙版合成修饰完毕

11.4 建立通道选区

难度等级 ★★★★☆

通道是PhotoshopCS中的高级功能，比较适合人像与背景色彩近似的照片，可以对照片中的色彩分层抠图，主要使用“通道”控制面板、“画笔”工具（图11–32、图11–33）。

图11–32　修饰前的照片

图11–33　修饰后的照片

1. 在菜单栏单击“文件——打开”命令或按快捷键Ctrl+O打开素材光盘中“素材\第11章\11.4建立通道选区1”与“素材\第11章\11.4建立通道选区2”两张照片（图11–34）。

2. 选取“工具箱”中“移动”工具，拖动人物照片到背景照片中，并将人物照片移动到左边（图11–35、图11–36）。

图11–34　打开背景照片

图11–35　拖入人像照片

图11–36　移动人像照片至左侧

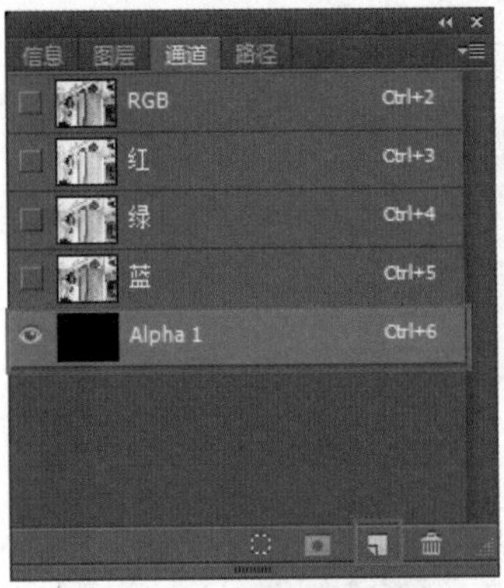

3. 在“通道”控制面板中单击“创建新通道”按钮，得到“Alpha1”通道（图11-37）。

图11-37 创建新通道

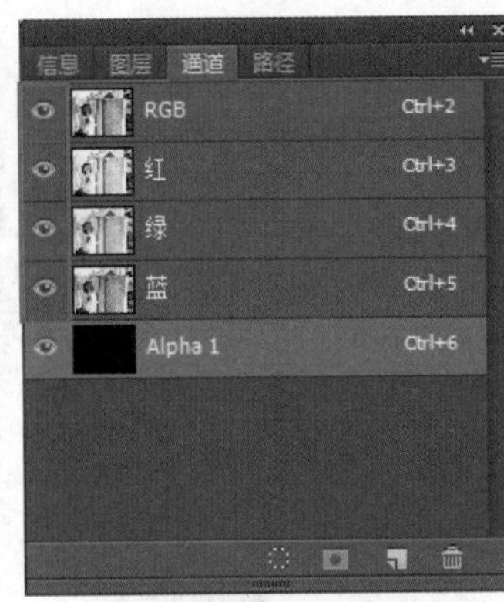

图11-38 显示所有通道

4. 在“通道”控制面板中单击“RGB”复合通道前的指示图标，显示所有通道（图11-38、图11-39）。

图11-39 设置后的效果

5. 选取“工具箱”中的“画笔”工具，将“前景色”设置为“白色”，使用“画笔”工具在人物的位置涂抹（图11-40）。

6. 涂抹过程中根据需要改变画笔大小，仔细涂抹后效果明显（图11-41）。

图11-40 画笔涂抹

图11-41 涂抹后的效果

7. 隐藏“Alpha1”通道，按住Ctrl键并单击“Alpha1”通道缩略图调出选区（图11-42）。

8. 在“图层”控制面板中按快捷键Ctrl+Shift+I将选区反选，再按快捷键Delete将选区内容删除（图11-43）。

9. 按快捷键Ctrl+D键取消选区，建立通道选区合成修饰完毕（图11-44）。

图11-42 隐藏通道

图11-43 删除原图背景

图11-44 建立通道选区合成修饰完毕

11.5 半透明照片合成

难度等级 ★★★★★

现代人像照片中多会出现半透明衣着，在抠图过程中应当注意处理半透明部位，不能完全遮挡新照片中的背景，而需要建立图像通道来修饰，主要使用“通道”控制面板与“画笔”工具（图11-45、图11-46）。

图11-45 修饰前的照片

图11-46 修饰后的照片

1. 在菜单栏单击“文件——打开”命令或按快捷键Ctrl+O打开素材光盘中的“素材\第11章\11.5半透明照片处理1”照片。

2. 在“通道”控制面板中将“绿”通道复制，得到“绿副本”通道（图11-47）。

3. 按快捷键Ctrl+I将图像转换成负片（图11-48）。

图11-47 复制绿色通道

图11-48 转换成负片

4. 在菜单栏单击“图像——调整——色阶”命令，在“色阶”对话框中将“高光”控制滑块向中间拖动（图11-49），设置完成后单击“确定”按钮，效果明显（图11-50）。

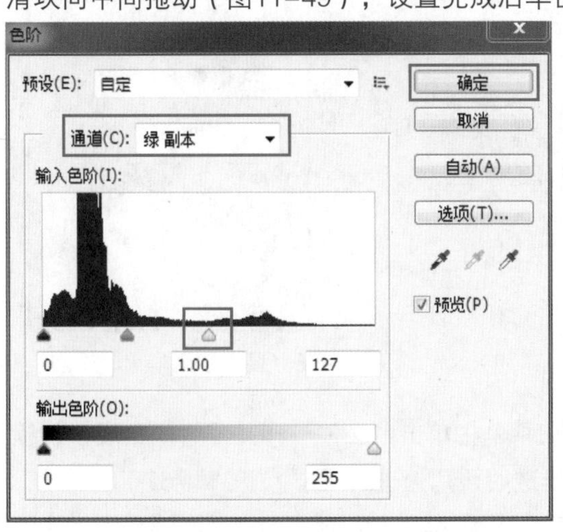

图11-49 设置色阶

图11-50 设置后的效果

5. 选取“工具箱”中“画笔”工具，将“前景色”设置为“黑色”，使用“画笔”工具在人像外部涂抹（图11-51）。涂抹过程中根据需要调整画笔大小，仔细调整后，效果明显（图11-52）。

图11-51 画笔涂抹

图11-52 涂抹后的效果

6. 将“前景色”设置为“白色”，使用“画笔”工具 在人物上涂抹，不要涂抹半透明的区域（图11-53）。仔细涂抹后，效果明显（图11-54）。

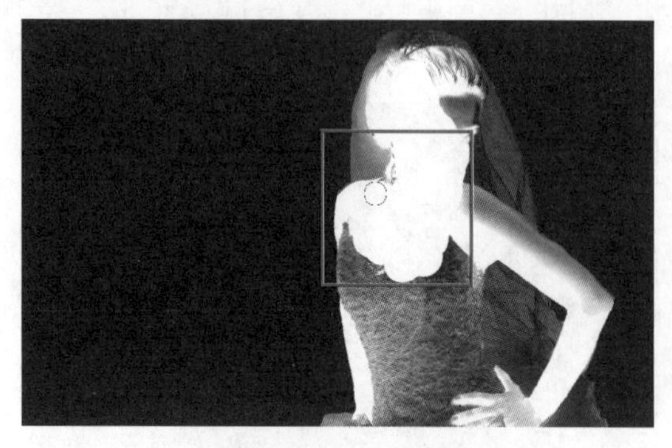
图11-53 画笔涂抹

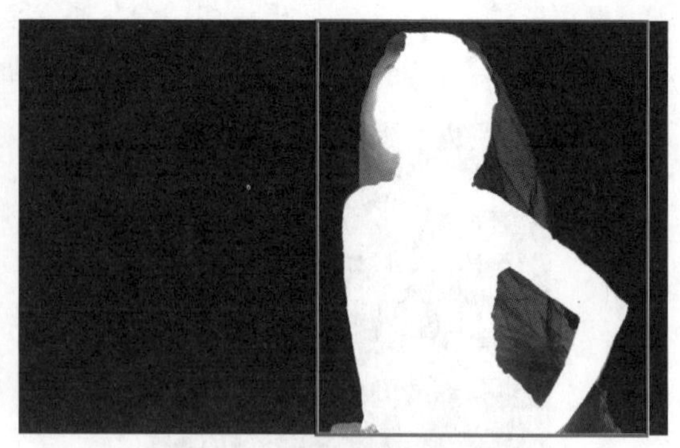
图11-54 涂抹后的效果

7. 隐藏“绿副本”通道，按住Ctrl键并单击“绿副本”通道缩略图调出选区（图11-55、图11-56）。

图11-55 隐藏“绿副本”通道

图11-56 调出选区

8. 按快捷键Ctrl+C复制选区中的图像，再在菜单栏单击“文件——打开”命令或按快捷键Ctrl+O打开素材光盘中的“素材\第11章\11.5半透明照片处理2”照片（图11-57）。

9. 打开后，按快捷键Ctrl+V粘贴选区中的图像（图11-58）。

图11-57 打开背景照片

图11-58 粘贴人像

10. 粘贴完成后，按快捷键Ctrl+T自由变换，拖动控制点放大人物图像，并移动至合适的位置（图11-59）。

11. 此时发现透明的婚纱不太明显，将“图层1”多次复制（图11-60）。

图11-59　自由变换并移动人像

图11-60　复制图层

12. 复制完成后，半透明照片合成修饰完毕（图11-61）。

图11-61　半透明照片合成修饰完毕

第12章 人像照片翻新修饰

每个家庭都有不少以往的照片，随着岁月流逝，现在再来观赏这些照片别有一番情怀。使用PhotoshopCS可以将破损或有瑕疵的老照片翻新，这种修饰具有纪念价值。本章将叙述如何借助扫描仪将传统照片输入计算机，并经过各种修饰重现当年的美好时光。

12.1 扫描获取照片

难度等级 ★★★☆☆

现在市场上的扫描仪价格低廉，已经正式走入千家万户。购置扫描仪后要合理运用，深入了解扫描仪的特性，最大程度提高照片的翻新质量。虽然不同品牌扫描仪的操作方法不同，但是主要功能的参数设置基本一致，下面就详细介绍用一款普通扫描仪将人像照片输入计算机的操作方法。

1. 将扫描仪的驱动光盘放入计算机的光驱，光驱自动运行后，会见到安装向导，选择安装语言，点击“OK”按钮，接着点击“安装”（图12-1、图12-2）。

2. 不同品牌、型号的扫描仪安装方式不同，但是均可以点击“下一步”按钮进行安装，遇到附带软件可以根据需要安装，一般只安装扫描仪的主要驱动即可，安装过程相对PhotoshopCS要简单（图12-3、图12-4）。

3. 安装过程中会提示“许可协议”，点击“是”，具体安装过程根据不同品牌、型号扫描仪而不同，安装结束后，计算机多会提示重新启动计算机，经过重新启动计算机才会搜索到新增添的硬件设备（图12-5、图12-6）。

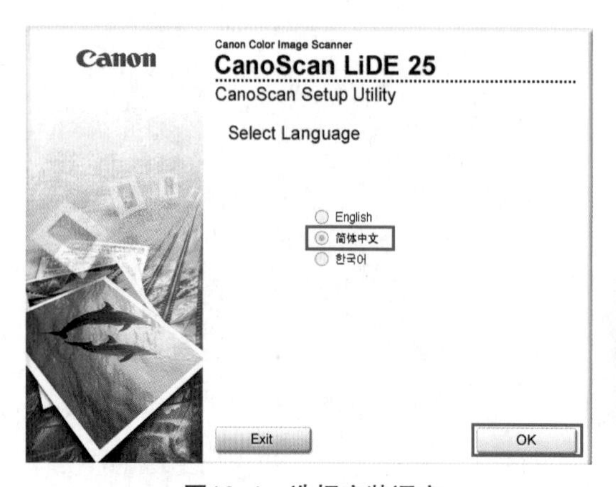

图12-1 选择安装语言

图12-2 点击安装

图12-3 安装注意事项

图12-4 选择安装程序

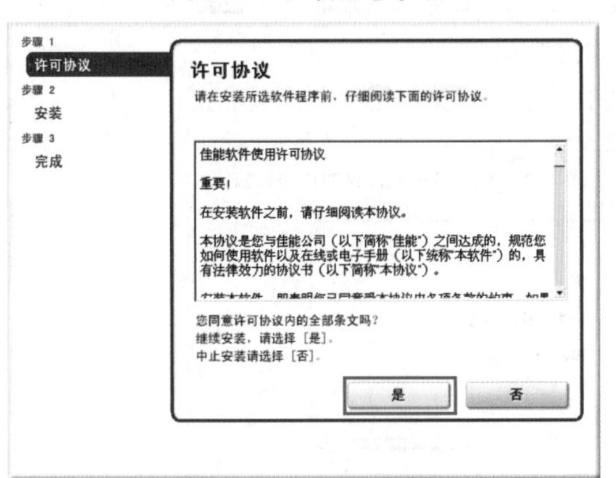

图12-5 同意许可协议

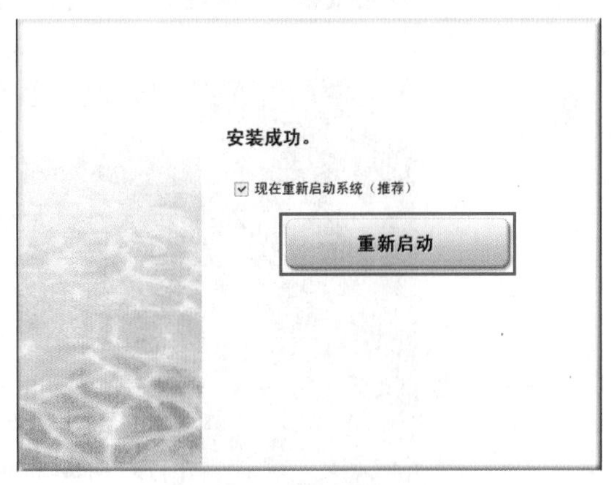

图12-6 重新启动计算机

图12-7 桌面图标

4. 重新启动计算机后，桌面上会出现新安装扫描仪的启动图标（图12-7），将扫描仪USB数据线连接计算机（图12-8），这时扫描仪会通电检测发出声响，待检测结束后，即可点击启动图标，打开扫描仪操作界面。打开扫描仪盖板，将需要扫描的照片依次放在玻璃板上，照片正面朝下，背面朝上，放置整齐后，将盖板轻轻盖上（图12-9）。

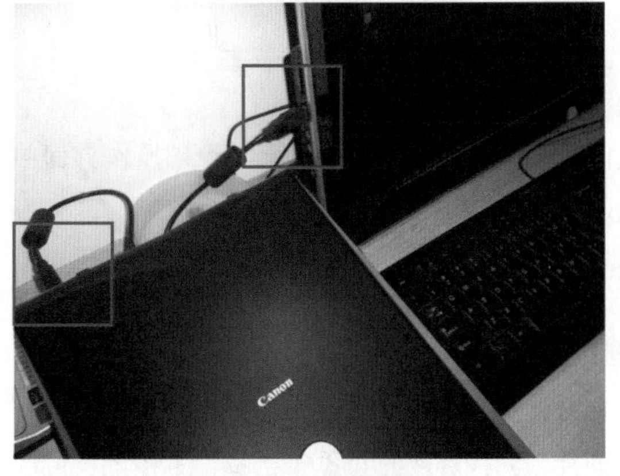

图12-8 连接数据线

图12-9 整齐放置照片

5. 打开扫描仪初始界面后，点击“Scan-1”按钮（图12-10），打开进一步扫描界面。在“扫描仪设置”中选择“选择来源”为“稿台”，“扫描模式”为“颜色（多项扫描）”，图像质量为“300dpi”。在“将扫描的图像保存到”中根据需要设置保存格式与路径，照片格式可选为“JPEG / Exif”，路径可以选择为专用于存放照片的文件夹。将桌面上的PhotoshopCS启动图标拖动到“外部程序”上。点击“扫描”按钮，扫描仪开始正式扫描（图12-11）。

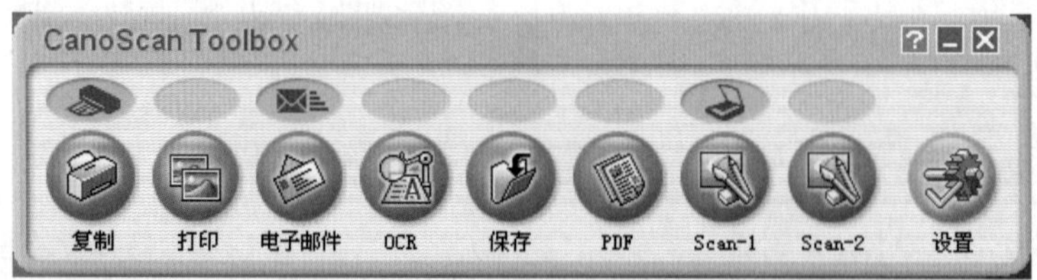

图12-10　扫描仪初始界面

图12-11　扫描仪操作界面

6. 经过扫描后，计算机会自动运行PhotoshopCS，在打开的PhotoshopCS操作界面中会显示扫描得到的照片（图12-12）。

7. 在扫描之前放置照片时，往往容易放反，或放置位置不正，则可以在扫描仪的预览图中查看到效果（图12-13）。

8. 这时可以继续操作PhotoshopCS，保存好的扫描照片，对照片进行旋转。点击菜单栏“图像——图像旋转——180度”命令，将反置照片旋转正确（图12-14）。

9. 将旋转正确的照片再次存储，覆盖原始照片，扫描获取照片操作完毕（图12-15）。

图12-12 扫描完毕得到照片

图12-13 多项扫描预览

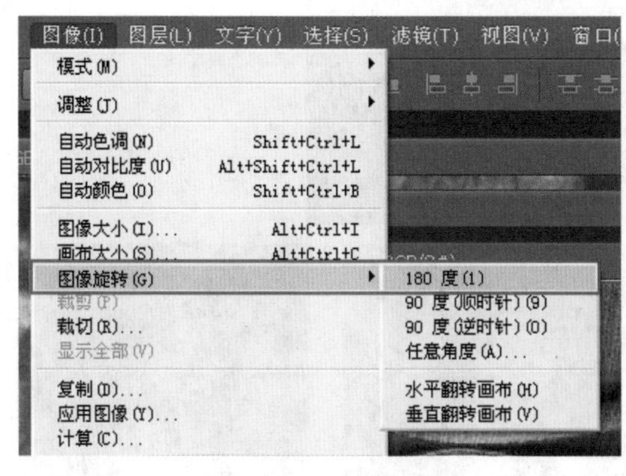

图12-14 图像旋转

图12-15 扫描获取照片完毕

特别提示

扫描仪是一种计算机外部仪器设备，通过捕获图像并将之转换成计算机可以显示、编辑、存储、输出的数字化输入设备。照片、文本页面、图纸、美术图画、照相底片、胶片，甚至纺织品、标牌面板、印制板样品等三维对象都可作为扫描对象。目前，家庭用户一般选用A4幅面，分辨率为1200×2400，36位色彩的扫描仪，价格为500~1000元，能满足日常照片输入的各种需求。

12.2 修复照片划痕

难度等级 ★★★★☆

旧照片表面难免会有划痕，使用PhotoshopCS修复操作比较简单，只是重复工作较多，需要耐心对待，修复照片划痕主要使用“修复画笔”工具、“污点修复画笔”工具、“渐变映射”命令（图12-16、图12-17）。

图12-16　修饰前的照片

图12-17　修饰后的照片

1. 在菜单栏单击“文件——打开”命令或按快捷键Ctrl+O打开素材光盘中的“素材\第12章\12.2修复照片划痕”照片，由于时间久远老照片出现划痕，用PhotoshopCS对划痕进行修复。

2. 在“图层”控制面板中单击“创建新图层”按钮，得到“图层1”，选取“工具箱”中的“污点修复画笔”工具，在工具属性栏中设置“大小”为40、“模式”为“正常”，选择“内容识别”选项，勾选“对所有图层取样”选框（图12-18）。

图12-18　创建新图层并设置画笔属性

3. 使用“污点修复画笔”工具在照片人物袖子上拖动，划痕即可消除（图12-19、图12-20）。

图12-19　污点修复画笔涂抹　图12-20　涂抹后的效果

4. 使用“污点修复画笔”工具 在有划痕的地方拖动即可修复划痕。选取“工具箱”中的“修复画笔”工具 ，在划痕周围颜色接近部位按Alt键并单击鼠标左键进行取样（图12-21）。

5. 取样完成后，在图像划痕处拖动进行修复（图12-22）。

图12-21 修复画笔取样

图12-22 修复画笔涂抹

6. 继续在划痕周围颜色相近的地方取样，并对划痕进行修复（图12-23、图12-24、图12-25）。

图12-23 修复画笔取样

图12-24 修复画笔涂抹

图12-25 涂抹后的效果

7. 使用同样的方法将修复其他划痕，仔细修复后，效果还原明显（图12-26、图12-27、图12-28、图12-29）。

图12-26 修复画笔取样

图12-27 修复画笔涂抹

图12-28 涂抹后的效果

特别提示

PhotoshopCS中的“污点修复画笔”工具与“仿制图章”工具均可用于老照片修复，两种工具可以交替使用，简单修复可以使用“污点修复画笔”工具，复杂修复可以使用“仿制图章”工具。

图12-29　整体修饰效果

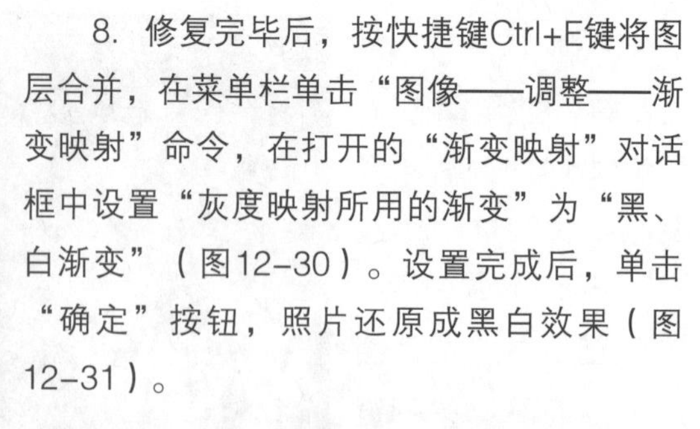

8. 修复完毕后，按快捷键Ctrl+E键将图层合并，在菜单栏单击“图像——调整——渐变映射”命令，在打开的“渐变映射”对话框中设置“灰度映射所用的渐变”为“黑、白渐变”（图12-30）。设置完成后，单击“确定”按钮，照片还原成黑白效果（图12-31）。

图12-30　设置渐变映射

图12-31　设置后的效果

9. 在菜单栏单击“图像——调整——亮度／对比度”命令，在打开的“亮度/对比度”对话框中设置“亮度”为-6、“对比度”为-2，设置完成后，单击“确定”按钮（图12-32）。

10. 操作完成后，修复照片划痕修饰完毕（图12-33）。

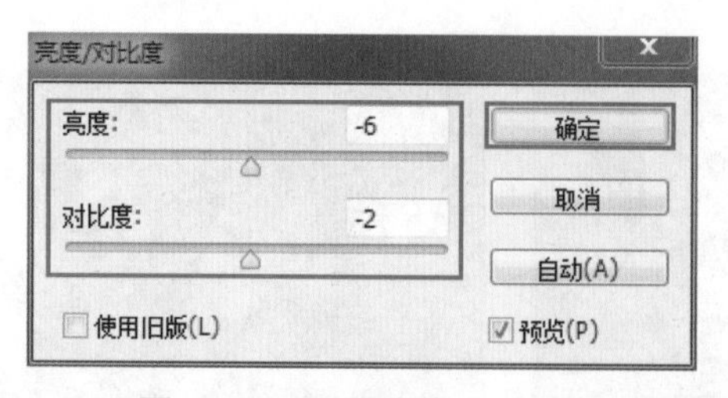

图12-32　设置亮度／对比度

图12-33　修复照片划痕修饰完毕

12.3　去除照片网格

难度等级 ★★★☆☆

经过打印的照片会呈现细微的网格，网格由打印机彩色墨水分布形成，照片被扫描后，墨水网格会特别明显。同样，从杂志、报纸上扫描的照片也存在网格，虽然很多扫描仪具备去除网格的功能，但是功能有限，或造成像素损失。因此，可以使用PhotoshopCS修复，主要使用“高斯模糊” 滤镜、“USM锐化”滤镜（图12-34、图12-35）。

图12-34 修饰前的照片

图12-35 修饰后的照片

1. 在菜单栏单击“文件——打开”命令或按快捷键Ctrl+O打开素材光盘中的“素材\第12章\12.3去除照片网格”照片。

2. 在菜单栏单击“滤镜——模糊——高斯模糊”滤镜，在打开的“高斯模糊”对话框中设置“半径”为2.6（图12-36）。设置完成后，单击“确定”按钮，效果变得缓和（图12-37）。

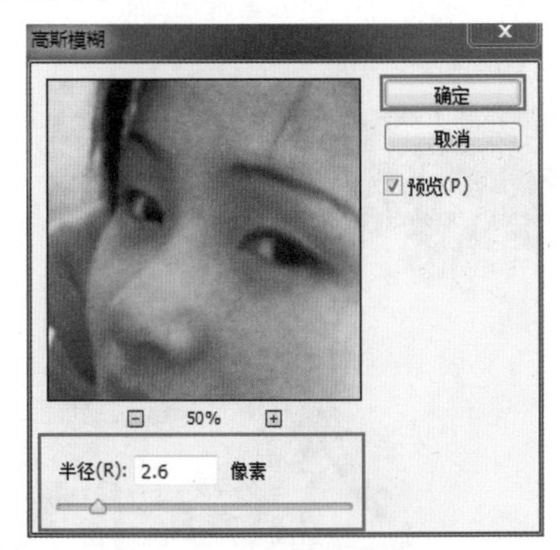

图12-36 设置高斯模糊

3. 在菜单栏单击“滤镜——锐化——USM锐化”命令，在打开的“USM锐化”对话框中设置“数量”为25、“半径”为52.5、“阈值”为3，设置完成后，单击“确定”按钮（图12-38）。

图12-37 设置后的效果

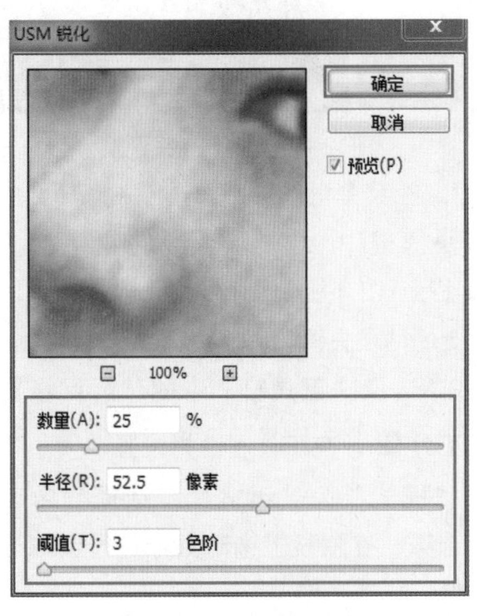

图12-38 设置USM锐化

4. 经过操作后，去除照片网格修饰完毕（图12-39）。

图12-39 去除照片网格修饰完毕

12.4 去除照片杂物

难度等级 ★★★★☆

老照片多采用胶片相机拍摄，拍摄时取景窗口小，拍摄者更多关注的是照片构图与人物表情，容易忽视周边环境或局部细节，冲印出来的照片上会出现一些不美观的杂物，应当去除，主要使用“污点修复画笔”工具与“修复画笔”工具（图12-40、图12-41）。

图12-40 修饰前的照片

图12-41 修饰后的照片

1. 在菜单栏单击“文件——打开”命令或按快捷键Ctrl+O打开素材光盘中的“素材\第12章\12.4去除照片杂物”照片，可以将照片上的枯枝去掉。

2. 选取“工具箱”中的“污点修复画笔”工具，在工具属性栏设置“大小”为70、“模式”为“正常”、选择“内容识别”选项，在枯枝上拖动鼠标进行涂抹（图12-42）。

图12-42 设置并涂抹污点修复画笔

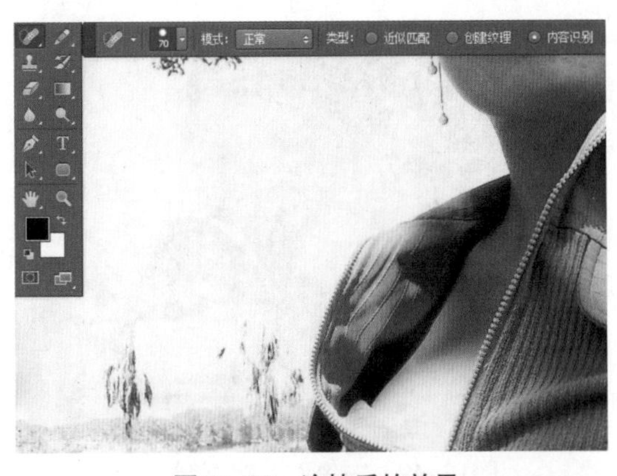

3. 松开鼠标，枯枝被去除了，效果表现明显（图12-43）。

4. 使用同样的方法对其他的枯枝进行去除（图12-44、图12-45），照片修复效果明显（图12-46）。

图12-43　涂抹后的效果

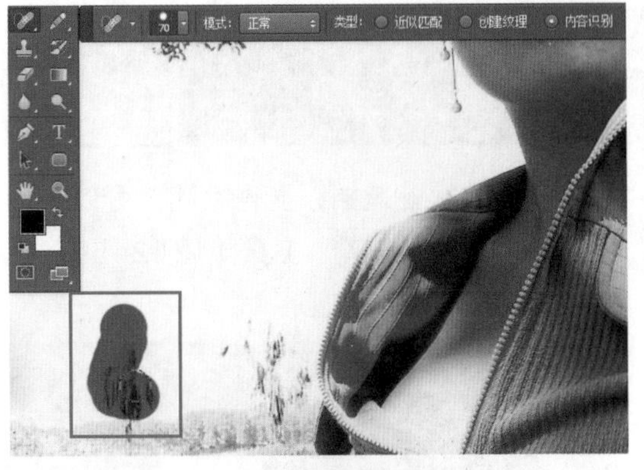

图12-44　涂抹污点修复画笔（一）

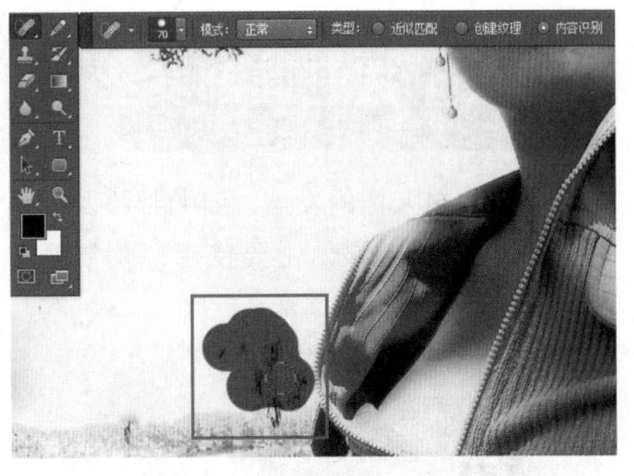

图12-45　涂抹污点修复画笔（二）

图12-46　涂抹后的效果

5. 选取“工具箱”中的“修复画笔”工具，在枯枝周围的地方按Alt键并单击鼠标左键进行取样（图12-47）。

6. 取样完成后，在枯枝上拖动鼠标进行去除（图12-48）。

图12-47　修复画笔取样

图12-48　涂抹修复画笔

7. 仔细调整后，去除了照片中的枯枝，去除照片杂物修饰完毕（图12-49）。

图12-49　去除照片杂物修饰完毕

12.5　拨开面部发丝

难度等级 ★★★☆☆

老照片中人像的发型、着装都不及现在，面部多会被发丝遮挡，显得凌乱，可以采用PhotoshopCS修饰，主要使用“仿制图章”工具、“修复画笔”工具（图12-50、图12-51）。

图12-50　修饰前的照片

图12-51　修饰后的照片

1. 在菜单栏单击“文件——打开”命令或按快捷键Ctrl+O打开素材光盘中的“素材\第12章\12.5拨开面部发丝”照片。

2. 选取“工具箱”中的“仿制图章”工具，按住Alt键在发丝周围进行取样（图12-52）。取样完成后，在发丝上单击（图12-53）。

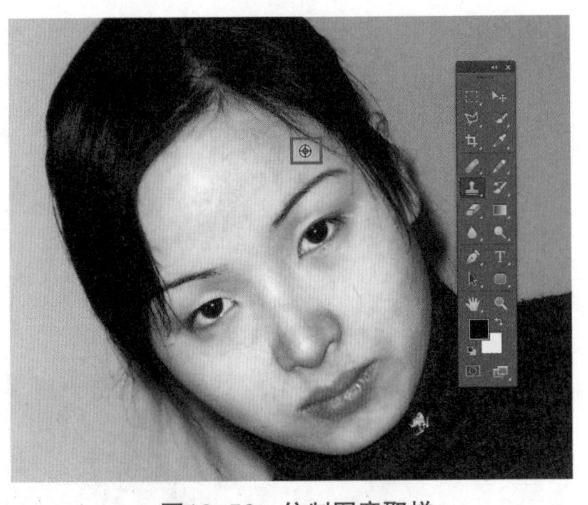

图12-52 仿制图章取样

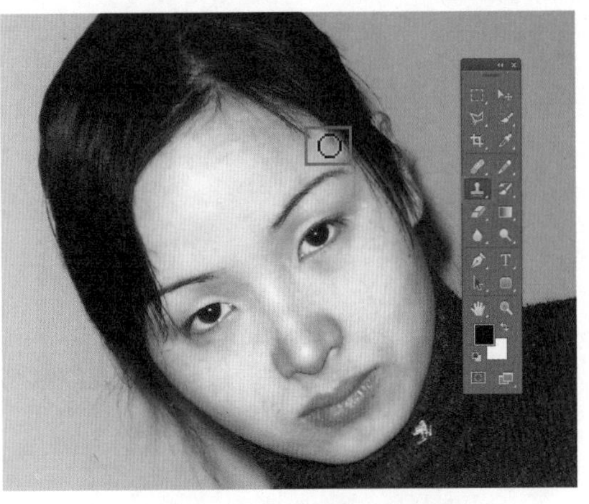

图12-53 仿制图章涂抹

3. 多次取样单击，去除发丝，使用同样的方法对其他发丝进行清除（图12-54、图12-55）。

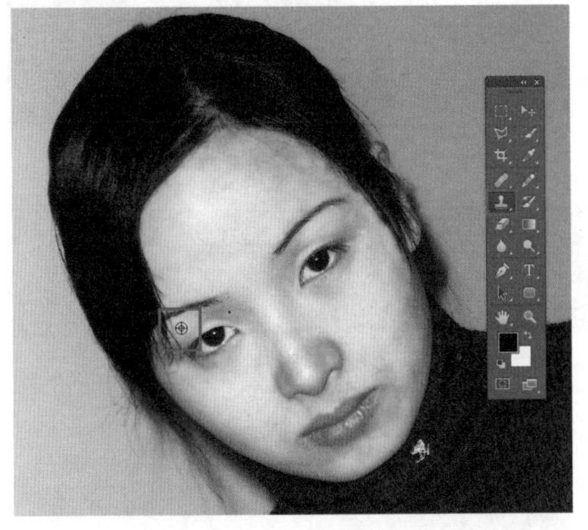

图12-54 仿制图章取样

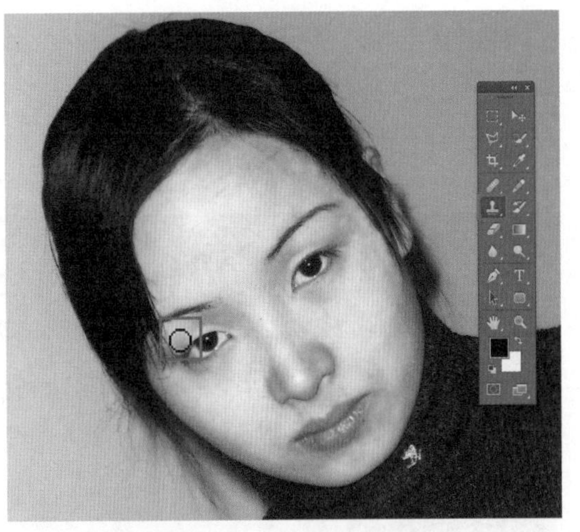

图12-55 仿制图章涂抹

4. 仔细调整后，修复后的面部有些不融合。选取“工具箱”中的“修复画笔”工具，对不自然的地方进行修复（图12-56）。

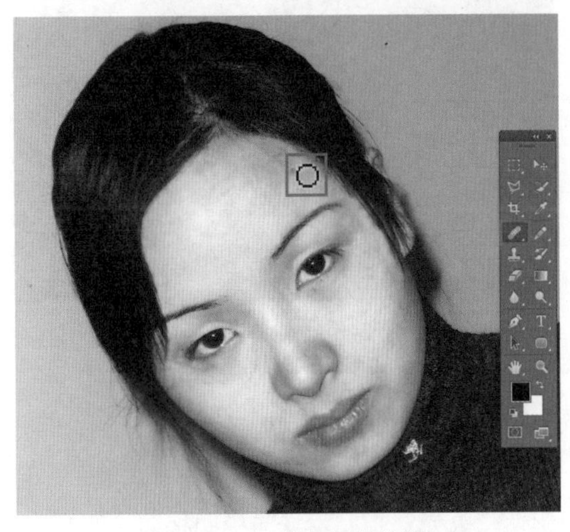

图12-56 修复画笔涂抹

5. 经过仔细调整后，拨开面部发丝修饰完毕（图12-57）。

图12-57 拨开面部发丝修饰完毕

12.6 修整模糊照片

难度等级 ★★★☆☆

传统胶片相机对焦功能单一，很难达到精确效果，修整模糊照片也是PhotoshopCS的重要功能，可以使用“色阶” 命令与“进一步锐化”命令（图12-58、图12-59）。

图12-58 修饰前的照片

图12-59 修饰后的照片

1. 在菜单栏单击“文件——打开”命令或按快捷键Ctrl+O打开素材光盘中的“素材\第12章\12.6修整模糊照片”照片。

2. 在菜单栏单击“图像——调整——色阶”命令，在打开的“色阶”对话框中将“阴影” “高光”控制滑块向中间拖动（图12-60）。设置完成后单击“确定”按钮，此时照片效果发生变化（图12-61）。

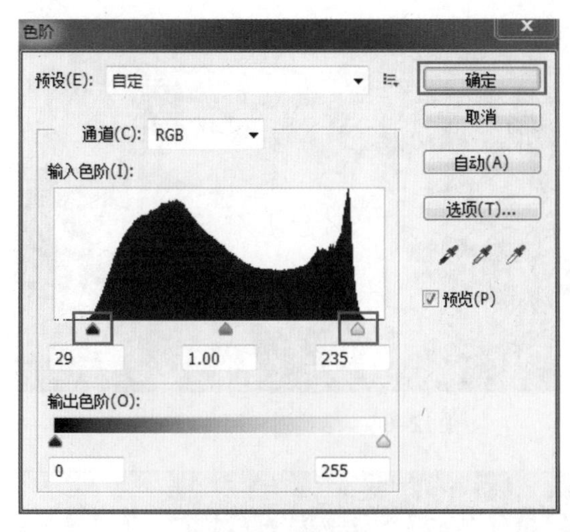

图12-60 设置色阶

图12-61 设置后的效果

3. 在菜单栏单击“滤镜——锐化——进一步锐化”命令，此时照片比之前清晰了很多（图12-62）。

4. 将“背景”图层复制，得到“背景副本”图层（图12-63）。

图12-62 进一步锐化的效果

图12-63 复制背景图层

5. 选择“背景副本”图层，在菜单栏单击“滤镜——锐化——进一步锐化”命令，使照片轮廓更加清晰（图12-64）。但是照片此时过于锐化，在“图层”控制面板中将“不透明度”设置为44%（图12-65）。

图12-64 复制背景图层后的效果

图12-65 设置图层不透明度

基础篇 修饰篇 精华篇

6. 设置完成后，修整模糊照片修饰完毕（图12-66）。

图12-66 修整模糊照片修饰完毕

12.7 放大照片尺寸

难度等级 ★★☆☆☆

传统胶片价格昂贵，以往在照相馆拍摄的照片尺寸都很小，经过扫描后放大也不清晰，很难满足二次冲印／打印要求。使用PhotoshopCS可以适度放大照片尺寸，但是任何图像处理软件的放大尺寸功能都是有限的，还不会智能填充新增加的色彩像素，只会在两个相邻像素之间填充色彩平均的像素，一般放大2倍即可，过度放大会造成照片模糊。放大照片尺寸主要使用“图像大小”命令（图12-67、图12-68）。

图12-67 修饰前的照片

图12-68 修饰后的照片

1. 在菜单栏单击“文件——打开”命令或按快捷键Ctrl+O打开素材光盘中的“素材\第12章\12.7放大照片尺寸”照片。

2. 在菜单栏单击“图像——图像大小”命令，在打开的“图像大小”对话框中先设置“分辨率”如300像素／英寸，此时照片只能输出2.573×3.86英寸的相片（图12-69）。

3. 想输出5×7寸的相片就必须把图像放大，在“图像大小”对话框中勾选“约束比例”与“重定图像像素”选项，在下拉列表中选择“两次立方较平滑（适用于扩大）”，将“宽度”设置“5英寸”，设置完成后单击“确定”按钮（图12-70）。

4. 经过设置后，放大照片尺寸修饰完毕（图12-71）。

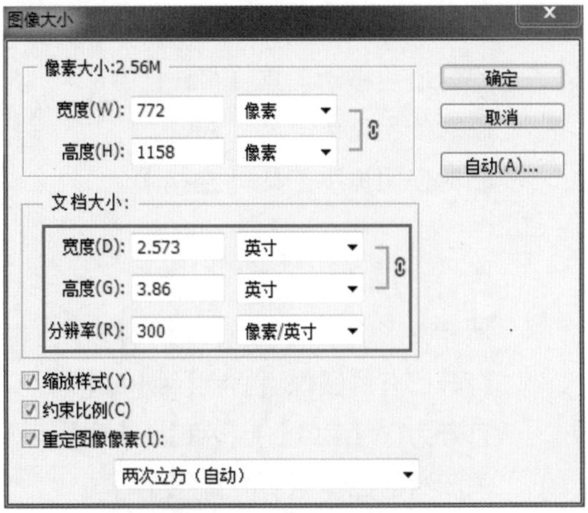

图12-69 查看图像大小

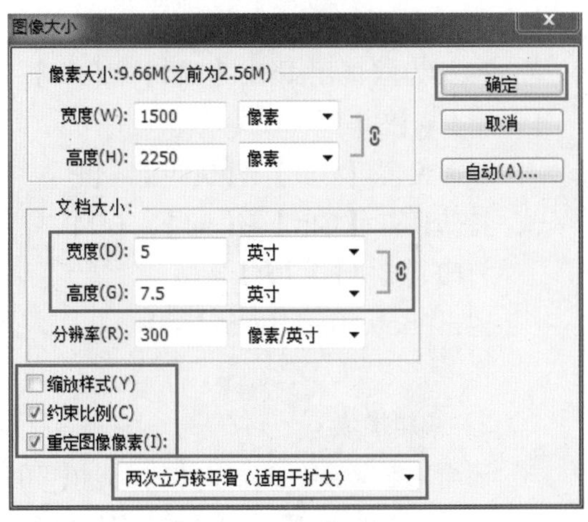

图12-70 设置图像大小

图12-71 放大照片尺寸修饰完毕

附录：快捷键大全

1. 工具箱（多种工具共用一个快捷键的可同时按【Shift】加此快捷键选取）

矩形、椭圆选框工具【M】
移动工具【V】
套索、多边形套索、磁性套索【L】
魔棒工具【W】
裁剪工具【C】
切片工具、切片选择工具【K】
喷枪工具【J】
画笔工具、铅笔工具【B】
橡皮图章、图案图章【S】
历史画笔工具、艺术历史画笔【Y】
橡皮擦、背景擦除、魔术橡皮擦【E】
渐变工具、油漆桶工具【G】
模糊、锐化、涂抹工具【R】
减淡、加深、海绵工具【O】
路径选择工具、直接选取工具【A】
文字工具【T】
钢笔、自由钢笔【P】
矩形、圆边矩形、椭圆、多边形、直线【U】
写字板、声音注释【N】
吸管、颜色取样器、度量工具【I】
抓手工具【H】
缩放工具【Z】
默认前景色和背景色【D】
切换前景色和背景色【X】
切换标准模式和快速蒙版模式【Q】
标准屏幕模式、带有菜单栏的全屏模式、全屏模式【F】
跳到ImageReady3.0中【Ctrl】+【Shift】+【M】
临时使用移动工具【Ctrl】
临时使用吸色工具【Alt】
临时使用抓手工具【空格】

2. 文件操作

新建图形文件【Ctrl】+【N】
打开已有的图像【Ctrl】+【O】
打开为...【Ctrl】+【Alt】+【O】
关闭当前图像【Ctrl】+【W】
保存当前图像【Ctrl】+【S】
另存为...【Ctrl】+【Shift】+【S】
存储为网页用图形【Ctrl】+【Alt】+【Shift】+【S】
页面设置【Ctrl】+【Shift】+【P】
打印预览【Ctrl】+【Alt】+【P】
打印【Ctrl】+【P】
退出Photoshop【Ctrl】+【Q】

3. 编辑操作

还原／重做前一步操作【Ctrl】+【Z】
一步一步向前还原【Ctrl】+【Alt】+【Z】
一步一步向后重做【Ctrl】+【Shift】+【Z】
淡入/淡出【Ctrl】+【Shift】+【F】
剪切选取的图像或路径【Ctrl】+【X】或【F2】
复制选取的图像或路径【Ctrl】+【C】
合并复制【Ctrl】+【Shift】+【C】
将剪贴板的内容粘贴到当前图形中【Ctrl】+【V】或【F4】

将剪贴板的内容粘到选框中【Ctrl】+【Shift】+【V】

自由变换【Ctrl】+【T】

自由变换复制的像素数据【Ctrl】+【Shift】+【T】

再次变换复制的像素数据并建立副本【Ctrl】+【Shift】+【Alt】+【T】

删除选框中图案或选取的路径【DEL】

用背景色填充所选区域或整个图层【Ctrl】+【BackSpace】或【Ctrl】+【Del】

用前景色填充所选区域或整个图层【Alt】+【BackSpace】或【Alt】+【Del】

弹出“填充”对话框【Shift】+【BackSpace】

从历史记录中填充【Alt】+【Ctrl】+【Backspace】

打开“颜色设置”对话框【Ctrl】+【Shift】+【K】

打开“预先调整管理器”对话框【Alt】+【E】放开后按【M】

打开“预置”对话框【Ctrl】+【K】

显示最后一次显示的“预置”对话框【Alt】+【Ctrl】+【K】

4. 图像调整

调整色阶【Ctrl】+【L】

自动调整色阶【Ctrl】+【Shift】+【L】

自动调整对比度【Ctrl】+【Alt】+【Shift】+【L】

打开曲线调整对话框【Ctrl】+【M】

打开“色彩平衡”对话框【Ctrl】+【B】

打开“色相/饱和度”对话框【Ctrl】+【U】

去色【Ctrl】+【Shift】+【U】

反相【Ctrl】+【I】

打开“抽取”对话框【Ctrl】+【Alt】+【X】

打开“液化”对话框【Ctrl】+【Shift】+【X】

5. 图层操作

从对话框新建一个图层【Ctrl】+【Shift】+【N】

以默认选项建立一个新的图层【Ctrl】+【Alt】+【Shift】+【N】

通过复制建立一个图层（无对话框）【Ctrl】+【J】

从对话框建立一个通过复制的图层【Ctrl】+【Alt】+【J】

通过剪切建立一个图层（无对话框）【Ctrl】+【Shift】+【J】

从对话框建立一个通过剪切的图层【Ctrl】+【Shift】+【Alt】+【J】

与前一图层编组【Ctrl】+【G】

取消编组【Ctrl】+【Shift】+【G】

将当前层下移一层【Ctrl】+【[】

将当前层上移一层【Ctrl】+【]】

将当前层移到最下面【Ctrl】+【Shift】+【[】

将当前层移到最上面【Ctrl】+【Shift】+【]】

激活下一个图层【Alt】+【[】

激活上一个图层【Alt】+【]】

激活底部图层【Shift】+【Alt】+【[】

激活顶部图层【Shift】+【Alt】+【]】

向下合并或合并联接图层【Ctrl】+【E】

合并可见图层【Ctrl】+【Shift】+【E】

盖印或盖印联接图层【Ctrl】+【Alt】+【E】

盖印可见图层【Ctrl】+【Alt】+【Shift】+【E】

6. 图层混合模式

循环选择混合模式【Shift】+【-】或【+】

正常【Shift】+【Alt】+【N】

溶解Dissolve【Shift】+【Alt】+【I】

正片叠底【Shift】+【Alt】+【M】

屏幕【Shift】+【Alt】+【S】

叠加【Shift】+【Alt】+【O】

柔光【Shift】+【Alt】+【F】

强光【Shift】+【Alt】+【H】

颜色减淡【Shift】+【Alt】+【D】

颜色加深【Shift】+【Alt】+【B】

变暗【Shift】+【Alt】+【K】

变亮【Shift】+【Alt】+【G】

差值【Shift】+【Alt】+【E】

排除【Shift】+【Alt】+【X】

色相【Shift】+【Alt】+【U】

饱和度【Shift】+【Alt】+【T】

颜色【Shift】+【Alt】+【C】

光度【Shift】+【Alt】+【Y】

7. 选择功能

全部选取【Ctrl】+【A】

取消选择【Ctrl】+【D】

重新选择【Ctrl】+【Shift】+【D】

羽化选择【Ctrl】+【Alt】+【D】

反向选择【Ctrl】+【Shift】+【I】

载入选区【Ctrl】+点按图层、路径、通道面板中的缩约图

按上次的参数再做一次上次的滤镜【Ctrl】+【F】

退去上次所做滤镜的效果【Ctrl】+【Shift】+【F】

重复上次所做的滤镜（可调参数）【Ctrl】+【Alt】+【F】

8. 视图操作

选择彩色通道【Ctrl】+【~】

选择单色通道【Ctrl】+【数字】

选择快速蒙版【Ctrl】+【\】

始终在视窗显示复合通道【~】

以CMYK方式预览（开关）【Ctrl】+【Y】

打开/关闭色域警告【Ctrl】+【Shift】+【Y】

放大视图【Ctrl】+【+】

缩小视图【Ctrl】+【-】

满画布显示【Ctrl】+【0】

实际像素显示【Ctrl】+【Alt】+【0】

向上卷动一屏【PageUp】

向下卷动一屏【PageDown】

向左卷动一屏【Ctrl】+【PageUp】

向右卷动一屏【Ctrl】+【PageDown】

向上卷动10个单位【Shift】+【PageUp】

向下卷动10个单位【Shift】+【PageDown】

向左卷动10个单位【Shift】+【Ctrl】+【PageUp】

向右卷动10个单位【Shift】+【Ctrl】+【PageDown】

将视图移到左上角【Home】

将视图移到右下角【End】

显示/隐藏选择区域【Ctrl】+【H】

显示/隐藏路径【Ctrl】+【Shift】+【H】

显示/隐藏标尺【Ctrl】+【R】

捕捉【Ctrl】+【;】

锁定参考线【Ctrl】+【Alt】+【;】

显示/隐藏“颜色”面板【F6】

显示/隐藏“图层”面板【F7】

显示/隐藏“信息”面板【F8】

显示/隐藏“动作”面板【F9】

显示/隐藏所有命令面板【TAB】

显示或隐藏工具箱以外的所有面板【Shift】+【TAB】

9. 文字处理（在字体编辑模式中）

显示／隐藏“字符”面板【Ctrl】+【T】

显示／隐藏“段落”面板【Ctrl】+【M】

左对齐或顶对齐【Ctrl】+【Shift】+【L】

中对齐【Ctrl】+【Shift】+【C】

右对齐或底对齐【Ctrl】+【Shift】+【R】

左／右选择 1 个字符【Shift】+【←】/【→】

下／上选择 1 行【Shift】+【↑】/【↓】

选择所有字符【Ctrl】+【A】

显示／隐藏字体选取底纹【Ctrl】+【H】

选择从插入点到鼠标点按点的字符【Shift】加点按左／右移动1个字符【←】／【→】；下／上移动1行【↑】／【↓】；左／右移动1个字【Ctrl】+【←】／【→】

将所选文本的文字大小减小2个像素【Ctrl】+【Shift】+【<】

将所选文本的文字大小增大2个像素【Ctrl】+【Shift】+【>】

将所选文本的文字大小减小10个像素【Ctrl】+【Alt】+【Shift】+【<】

将所选文本的文字大小增大10个像素【Ctrl】+【Alt】+【Shift】+【>】

将行距减小2个像素【Alt】+【↓】

将行距增大2个像素【Alt】+【↑】

将基线位移减小2个像素【Shift】+【Alt】+【↓】

将基线位移增加2个像素【Shift】+【Alt】+【↑】

将字距微调或字距调整减小20/1000ems【Alt】+【←】

将字距微调或字距调整增加20/1000ems【Alt】+【→】

将字距微调或字距调整减小100/1000ems【Ctrl】+【Alt】+【←】

将字距微调或字距调整增加100/1000ems【Ctrl】+【Alt】+【→】

参考文献

[1] 王日光. Photoshop蜕变突出色感的人像摄影后期处理攻略 [M]. 北京：人民邮电出版社，2012.
[2] 曹培强，柴侠飞，孙丽影. PhotoshopCS5数码人像摄影后期精修108技 [M]. 北京：科学出版社，2010.
[3] 司清亮. Photoshop 数码人像精修全攻略 [M]. 北京：中国铁道出版社，2012.
[4] 张磊，冯翠芝. Photoshop婚纱与写真艺术摄影后期处理技法 [M]. 北京：中国铁道出版社，2011.
[5] 耿洪杰，王凯波. Photoshop人像摄影后期调色实战圣经 [M]. 北京：电子工业出版社，2012.
[6] 钟百迪，张伟. Photoshop人像摄影后期调色圣经 [M]. 北京：电子工业出版社，2011.
[7] 丁实. Photoshop人像精修专业技法 [M]. 北京：中国青年出版社，2012.
[8] 朱印宏. Photoshop人像照片精修技法 [M]. 北京：石油工业出版社，2010.
[9] 董明秀. Photoshop人像修饰密码 [M]. 北京：清华大学出版社，2012.